Werner Lantermann

Enzyklopädie der Papageien und Sittiche

Aras

Freileben • Haltung
Gefangenschafts-vermehrung
Verhalten • Arten

HORST MÜLLER-VERLAG
Walsrode 1984
An der Warnau 33
3036 Bomlitz

t.f.h.

Co-published in the English language by
T.F.H. PUBLICATIONS
Neptune City, New Jersey, U.S.A

Werner Lantermann · Aras

Bildnachweis

TONI ANGERMAYER 13, 15, 22, 48, 49
Anthony Verlag / W. Lauer 55 · Keseberg 129 rechts
BAVARIA-VERLAG BILDAGENTUR / Atlaas 110 · Paysan 120 rechts
INTERFOTO·PRESSEBILD·AGENTUR / Friedrich Rauch/Lemonnier 42 · W. Mohm 76 rechts oben
JACANA Bildagentur / Nardin 139
KEYSTONE® Pressedienst 133
BILDAGENTUR MAURITIUS / T. Clark 51 rechts · Dr. Kramarz 60 · M. Thonig 70
SILVESTRIS FOTOSERVICE/ Cramm 135 links
WORLD WILDLIFE FUND / Dr. H. J. Jungius 25
ZEFA Bildagentur / L. Lemoine 106, 128 links · H. Müller 128 rechts · Revers-Widauer 59 · H. Schlapfer 59
Olaf Amme, Bissendorf 94, 95
Thomas Arndt, Bretten 72, 83, 96, 146
Thomas Brosset, Göteborg/Schweden 144
Courtesy of San Diego Zoo/USA 157
Freizeitland Geiselwind 129 links
Steffen P. Goldhammer, Diadema/Brasilien 112
Dieter Hoppe, Ostfildern 120 links
Dr. Claus König, Ludwigsburg 119
Klaus-Peter Linn, Radevormwald 86, 87, 88, 89, 90, 91, 97
Max Meier, Horgen/Schweiz 99
Berthold Meister, Itterndorf 92, 93
Mosig-Käfigbau, Detmold 61
Claus Nielsen, Grevestrand/Dänemark 122
Jürgen Preiß, Karlsruhe 76 rechts oben
Dr. Paul Roth, Brasilien 10, 12, 14, 21, 102
T. F. H. Publikation / Dr. Herbert R. Axelrod 39, 46, 50, 51, 76 links, 77, 117
T. F. H. Publikation / Dr. E. W. Burr 54 · Ray Hanson 43 links
Patrick Tay / Singapore 114
Vogelpark Walsrode / H. Bielfeld 67 · K. Trogisch 80, 83 rechts, 85
Vogelpark Walsrode / H. Müller 63, 115, 125, 131, 142, 144, 148, 149, 152, 159 links
Don Wells, Cobija/Brasilien 24
Roland Wirth, München 129 unten
Zoo Amersfoort/Holland 112 rechts

Zeichnungen Seite 108 und 154 Jürgen Ritter, München
Reproduktionen ausgestorbener Arten aus Lord Rothschilds „Extinct Birds"

Gesamtherstellung: Doblerdruck Alfeld (Leine)
ISBN 3-923269-06-4

Inhaltsverzeichnis

Vorwort

Lange vor ihrem Bekanntwerden in Europa waren Aras beliebte Hausgenossen der einheimischen Bevölkerung, die ihre Zuneigung diesen imposanten Tropenvögeln gegenüber auf deren Intelligenz, Nachahmungsbegabung und schnell zu erreichende Zahmheit gründete. Darüber hinaus fanden die bunten Federn der Tiere Verwendung als Schmuckgegenstände.

Nach Mitteleuropa kamen die ersten Aras vermutlich schon zu Beginn des 17. Jahrhunderts, wo sie sich ebenfalls großer Nachfrage erfreuten, die bis zur heutigen Zeit unverändert angehalten hat. Für viele Menschen, auch für solche, die sich nicht mit Tieren befassen, verkörpern Aras den Inbegriff des Wortes „Papagei".

Neben den prächtig gefärbten Großaras, die in der Regel auch von Laien als solche erkannt und angesprochen werden können, beschäftigt sich diese Abhandlung auch mit den weniger bekannten Arten der Gattung *Ara* sowie mit den seltenen Blauaras der Gattungen *Anodorhynchus* und *Cyanopsitta*.

Die Konzeption dieses Buches richtet sich vor allem an den Praktiker – Liebhaber, Züchter und Tiergärtner –, darüber hinaus aber auch an den Ornithologen, der hier erste Informationen für seine wissenschaftliche Arbeit erhält.

Die lückenlose Erfassung aller rezenten Arten wäre sicherlich nicht möglich gewesen ohne die Hilfe der nachfolgend genannten Liebhaber, Tierpfleger und Wissenschaftler, die bei Detailfragen immer bereitwillig Auskunft erteilten. Ihnen allen sei an dieser Stelle herzlich gedankt.

J. Bordiek, Vogelpark Metelen; Dr. R. Burkard, Baar, Schweiz; Prof. Dr. E. Curio, Ruhr-Universität Bochum; Dr. A. E. Decoteau, Dunstable, USA; Dipl.-Biol. F. Ostenrath, Zoo Duisburg; Dipl.-Biol. R. Reinhard, Zoo Berlin; Dr. U. Schürer, Zoo Wuppertal; Prof. Dr. H. Sick, Academia Brasileira De Ciencias, Brasilien; Dr. J. Steinbacher, Senckenbergmuseum Frankfurt; E. Stirnberg, Tierpark Bochum; Dr. D. Vogt, Zoo Krefeld.

Das Erscheinen dieses Buches in der vorliegenden wohlausgestatteten Form ist der Initiative des Herausgebers Herrn H. Müller, Bomlitz, zu verdanken.

Werner Lantermann — Frühjahr 1984

Einleitung

„Viele Vorzüge sind es, die den Vogel vor allen anderen Thieren und selbst dem Menschen gegenüber auszeichnen. Wir beneiden ihn vornehmlich um seines Fluges willen der herrlichen Gabe, die ihm ein gütiges Schicksal verliehen, sich hinauf in den Aether zu schwingen und hoch über allem anderen Leben dahinzuschweben ...

Die Aras haben für die Leser dieses Buches von-vornherein insofern großes Interesse, als sie zunächst zu den seit ältester Zeit her bekannten sprechenden Papageien gehören ... und sodann sämmtlich ohne Ausnahme sprachbegabt sind. Die meisten, und zwar die größten unter ihnen, stehen uns freilich im gleichen Verhältniß wie die Kakadus gegenüber, da sie aus denselben Ursachen wie diese nicht als eigentliche Stubenvögel zu betrachten sind, sondern gleichsam nur als Schmuckvögel für Vorzimmer, Veranda, Garten, selbst für Geflügelhof und Park, gelten können. Als solche aber haben sie noch ganz besonderen Werth dadurch, daß sie fast durchgängig als überaus kräftig und ausdauernd sich ergeben und die ganze milde Jahreszeit im Freien gehalten werden können. Deshalb sind sie auch vorzugsweise geschätzte Schaustücke für zoologische Gärten und dergleichen Naturanstalten ...

Ihre Heimat ist nur Amerika, wo sie vom nördlichen Mexiko bis Südbrasilien und Paraguay vorkommen ... Ihr Flug ist reißend schnell, bei den größten jedoch schwerfällig; ihr Gang auf der Erde ist ungeschickt, seitwärts schreitend, dagegen klettern sie im Gezweig hurtig und gewandt. Allerlei Baumfrüchte und Sämereien, besonders steinharte Palmennüsse, welche sie mit den gewaltigen Schnäbeln zertrümmern, sind ihre Nahrung. Als Standvögel fliegen sie manchmal überaus weit, um die Nutzgewächse der Ansiedler räuberisch zu überfallen, und da sie nur zu großen Schaden anrichten, so werden sie, wie auch der Federn und des freilich nicht besonders schmackhaften Fleisches wegen, eifrig verfolgt ...

Die Aras lernen mit starker, kräftiger, meistens aber undeutlicher Stimme viele Worte und manchmal ganze Sätze nachsprechen, im allgemeinen bleiben sie jedoch hinter Graupapagei und Amazone, sowie auch hinter den ihnen näher verwandten Alexandersittichen an Sprachbegabung weit zurück, während sie sonst geistig recht befähigt sind. Die kleineren Arten wiederum stehen den größeren in beider Hinsicht erheblich nach" (Ruß 1882).

Diese Worte, mit denen Dr. Karl Ruß vor etwas mehr als 100 Jahren in seinem Buch „Die sprechenden Papageien" das Kapitel „Aras" einleitete, haben bis zur heutigen Zeit wenig an Aktualität eingebüßt.

Ebenso wie in den antiken Kulturen vergangener Jahrhunderte erliegen auch heute noch viele Menschen der Faszination dieser farbenprächtigen und exotisch anmutenden Vögel, die sich u. a. wegen ihrer Nachahmungsfähigkeit großer Beliebtheit erfreuen.

Für die Liebhaber in Deutschland allerdings bedeutete der Ausbruch einer bis 1930 unbekannten Papageienseuche, die auch auf den Menschen übertragbar war, das vorläufige Ende der Einfuhr von Psittaciden. Im Jahre 1934 erließ die damalige Reichsregierung im Hinblick auf diese Krankheit, die wegen des offensichtlichen Zusammenhangs mit importierten Papageien den Namen „Psittakose" erhielt, ein striktes Einfuhrverbot.

Nach Aufhebung der Sperre im Jahre 1964 entstanden florierende Importunternehmen, die den Handel mit Sittichen und Papageien – unter Einhaltung der neu eingeführten gesetzlichen Psittakoseprophylaxe – wieder aufnahmen und in unvorstellbarem Maße ausweiteten.

Zeitweise wurden gewisse Arten in großen Stückzahlen in den Heimatländern gefangen und nach Europa exportiert, so daß verschiedene verantwortlich denkende Staaten vor Jahren bereits die Ausfuhr aller Tier- und Pflanzenarten untersagten, um der sinnlosen Ausbeutung der Natur nicht weiter Vorschub zu leisten. Die Warnungen engagierter Naturschützer und Ökologen verhallten ungehört und auch die Bemühungen von Wissenschaftlern und Politikern aus aller Welt, die erstmals 1973 in Washington zusammenkamen, um durch ein internationales Übereinkommen (bekannt unter dem Namen „Washingtoner Artenschutz-Abkommen") zum Schutz gefährdeter Tier- und Pflanzenarten beizutragen, erzielten bisher nicht die gewünschte Wirkung.

Es scheint beinahe so, als hätten all diese Aufrufe bei den Verantwortlichen eher eine gegenteilige Wirkung erzielt, denn bis zum Ende der siebziger Jahre wurden immer größere Mengen von Papageien – darunter auch viele seltene Arten – von skrupellosen Tierfängern und Importeuren in den Handel gebracht. Verbunden mit der Zerstörung der ursprünglichen Lebensräume der Vögel (durch Urwaldrodungen etc.) haben diese Aktionen viele Papageienarten an den Rand des Aussterbens gebracht. Von den mehr als 320 Arten der Ordnung der Papageienvögel *(Psittaciformes)* sind inzwischen nur noch drei nicht gefährdet. Alle anderen Arten sind seit dem 1. Juli 1983 in den Anhängen I und II des zuvor genannten Washingtoner Abkommens aufgeführt.

Auch heute noch (1983) zählen Aras neben dem afrikanischen Graupapagei und verschiedenen Amazonenarten zu den häufigsten Papageien in Gefangenschaft, die aus unterschiedlichen Motivationen bei den Liebhabern zu finden sind. Wenn auch die überwiegende Anzahl der importierten Vögel auf direktem Weg in einen kleinen Zimmerkäfig gelangt, um dort als Stubenvogel sein Leben zu fristen, so kann gerade in den letzten Jahren verstärkt eine Tendenz zur paarweisen Haltung dieser Großpapageien beobachtet werden. Viele engagierte Liebhaber haben mittlerweile die Notwendigkeit der Nachzüchtung als Beitrag zur Arterhaltung in Gefangenschaft erkannt. Wie der Fachliteratur zu entnehmen ist, häufen sich in den vergangenen Jahren – vermutlich auch bedingt durch die Entwicklung von Methoden der eindeutigen Geschlechtsbestimmung – die Gefangenschaftsvermehrungen von Großpapageien, wenn diese auch bisher in keinem Verhältnis zur Menge der aus den Heimatländern eingeführten Tiere stehen.

Eine Zusammenarbeit der privaten Züchter – unter Einbeziehung der zoologischen Gärten und Vogelparks – ist auf Dauer sicherlich unvermeidbar, zumal die Bestrebungen dahin gehen sollten, vorhandenes Tiermaterial auszutauschen und so sinnvoll zu ergänzen, um nicht weiterhin auf Neuimporte zurückgreifen zu müssen.

Leider setzt diese Entwicklung sehr spät ein, so daß es fraglich erscheint, ob es den Privatleuten und zoologischen Instituten, die über geeignete Papageienbestände verfügen, zu diesem Zeitpunkt noch gelingen kann, gesunde Zuchtstämme aufzubauen, die zumindest den Arterhalt in Gefangenschaft sichern. Daher erscheint mir die Spezialisierung der Züchter auf einige wenige Arten unvermeidlich. Nur so reicht in der Regel das zur Verfügung stehende Platzangebot aus, um gleich jeweils mehrere Paare einer Art unterzubringen, deren Jungtiere später blutsfremd verpaart werden können.

Derartige Erhaltungszuchten fordern von den Beteiligten ein hohes Maß an Idealismus, so daß für solche Projekte sicherlich nur Liebhaber in Frage kommen, die nicht in jeder Lage von einer profitorientierten Denkweise beherrscht werden.

Das Hauptanliegen dieses Buches kann somit nur darin bestehen, den ernsthaften Liebhaber mit der Situation der aussterbenden Papageienfauna vertraut zu machen. Es will um seine Bereitschaft werben, die Einzelhaltung von Papageien aufzugeben und in Zusammenarbeit mit Gleichgesinnten Zuchtversuche zu unternehmen.

Geographische Verbreitung

Die Aras sind über große Teile Süd- und Mittelamerikas verbreitet und gehören dort neben den Amazonenpapageien zu den bekanntesten Vertretern der Familie der sogenannten echten Papageien *(Psittacidae).*

Als grobe Begrenzungslinie ihrer geographischen Verbreitung können der nördliche und südliche Wendekreis gelten, auch wenn der Rotrückenara *(Ara maracana)* sowie der Glaucous-Ara *(Anodorhynchus glaucus)* südlich noch bis zum 35. Breitengrad (Nord-Argentinien und Nord-Uruguay) anzutreffen ist, während der Kleine Soldatenara *(Ara militaris)* über den nördlichen Wendekreis hinaus noch im Norden Mexikos vorkommt.

Die größte Artenvielfalt findet sich nördlich und südlich des Amazonas in Äquatornähe.

Über die ehemalige Verbreitung der Aras auf den Westindischen Inseln besteht kein Zweifel. Mit Ausnahme des Kuba-Aras *(Ara tricolor)*, dessen Existenz bis zur Mitte des 19. Jahrhunderts belegt ist, starben dort mehrere Arten im 15. und 16. Jahrhundert aus. Bereits vor der Entdeckung dieser Inselgruppen durch die Europäer war die Anzahl der dort lebenden Aras durch die Eingeborenen, die die Tiere zu Nahrungszwecken jagten, sowie durch die jährlich auftretenden Wirbelstürme, die sowohl den lebenden Populationen große Schäden zufügten als auch Brut- und Futterbäume zerstörten, stark dezimiert worden.

Geographische Verbreitung der rezenten Araarten

Subtropischer Laubwald in Paraná (Brasilien), bevorzugter Lebensraum des Rotrücken- *(A. maracana)* und Blaustirnzwergaras *(A. nobilis longipennis)*.
Wo noch vor wenigen Jahren unberührte Urwälder zu finden waren, befinden sich heute nur noch Reste der ursprünglichen Waldflächen. Großflächige Rodungen vertreiben hier die Papageien aus ihrem angestammten Lebensraum.

Lebensräume der Aras

In dem zuvor beschriebenen riesigen Verbreitungsgebiet findet man die unterschiedlichsten Klimate und Vegetationsformen. Die überwiegende Mehrzahl der Araarten konzentriert sich auf die Regenwälder und Feuchtsavannen der Tropen.

Verschiedene Arten haben sich darüber hinaus den Trocken- und Dornsavannen sowie den Flußlandschaften und Wäldern der subtropischen Zonen angepaßt.

Im *Regenwald* herrscht eine gleichbleibend hohe Temperatur von durchschnittlich 28 bis 30 °C, die auch nachts nur wenig absinkt.

Die Niederschlagsmenge bleibt während des ganzen Jahres relativ konstant und sorgt für eine ständig hohe Luftfeuchtigkeit.

Die Pflanzen, die hier in ungeheurer Artenvielfalt gedeihen, sind an keine Ruhezeiten gebunden und tragen während des ganzen Jahres Früchte.

Das Klima in den *Feuchtsavannen* ähnelt während der meisten Zeit des Jahres dem des tropischen Regenwaldes. Allerdings unterbrechen zwei niederschlagsfreie Perioden von insgesamt 2 bis 5 Monaten Dauer den jährlichen Rhythmus.

Die Temperaturschwankungen zwischen Tag und Nacht können bis zu 25 °C betragen.

Die Vegetation besteht aus hohen harten Büschelgräsern und laubabwerfenden Mischwäldern.

Trockensavannen finden sich beiderseits des Äquators im Bereich der Wendekreise.

Charakteristisch sind die 5 bis 7 Trockenmonate, die das Wachstum der Vegetation deutlich beeinträchtigen.

Niedrige Grasfluren, durchsetzt von vereinzelten Baumgruppen und Strauchwerk, bilden die Pflanzendecke.

Mehr als 7 Trockenmonate lassen in der *Dornsavanne* nur noch wenige Pflanzen gedeihen. Die schüttere Grasdecke wird nur gelegentlich von weitständigen Trockenwäldern, Dornsträuchern und Kakteen unterbrochen.

Die durchschnittliche Jahrestemperatur liegt selten niedriger als 20 °C.

In den *subtropischen Zonen* jenseits der Wendekreise herrschen warme, regenreiche Sommer und mäßig warme, regenarme Winter vor. Sie bilden die Übergangszone zwischen den Tropen und den gemäßigten Zonen.

Habitat des Hyazintharas *(A. hyacinthinus)* im Interior von Bahia, NO-Brasilien.

Außerhalb der Brutzeit leben alle Araarten in Schwärmen oder Familienverbänden zusammen und gehen gemeinsam der Nahrungssuche nach. ▶

Hyazinthara *(A. hyacinthinus)* an der Bruthöhle (Bahia, Brasilien). Oft nutzen die großen Vögel Felsspalten in den zutage tretenden Bergmassiven als Nistplätze.

Starke Regengüsse waschen Mineralstoffe aus den Lehmwänden. Hier finden die Hellroten *(A. macao)* und Grünflügelaras *(A. chloroptera)* die für ihren Stoffwechsel lebensnotwendigen Spurenelemente. ▶

Wegen seines leuchtenden Gefieders ist der Hellrote Ara *(A. macao)* in den Baumkronen leicht auszumachen. Da er in freier Natur außer dem Menschen keine Feinde hat, benötigt er keine Tarnfarben.

Systematische Stellung

Die Papageien bilden eine in sich geschlossene, von anderen Vogelgruppen scharf abgegrenzte Gruppe, die in der Ordnung *Psittaciformes* zusammengefaßt sind. Aufgrund anatomischer Analogien werden sie von den Systematikern in der Regel in die Nähe der „Paarzeher" wie Kuckucke, Spechtvögel etc. gestellt, die – ebenso wie Papageien – jeweils zwei nach vorn und zwei nach hinten gerichtete Zehen aufweisen.

Von Boetticher (1964) hegt jedoch Zweifel an dieser taxonomischen Einteilung. Er glaubt, die Ausbildung des Paarzeherfußes könne durch gleichsinnige Anpassung an gleiche Lebensbedingungen unabhängig voneinander und selbständig von verschiedenen Gruppen erworben worden sein und müsse nicht zwangsläufig auf nähere stammesgeschichtlich begründete Verwandtschaft hinweisen.

In dem systematischen Gefüge von Peters (1937) rangieren die Papageien hinter den Tauben und vor den Turakos, Kuckucksvögeln und Eulen.

Die große Einheitlichkeit der Formen erschwert die Gliederung der Ordnung der *Psittaciformes.*

Peters (1937), Brereton u. Immelmann (1962), von Boetticher (1964) u. a. nehmen verschiedene taxonomische Einteilungen vor, auf die an dieser Stelle nicht näher eingegangen werden soll.

Die neueren Arbeiten von Forshaw (1973) und Wolters (1975) liegen dieser Darstellung zugrunde.

Forshaw (1973) gliedert die Ordnung in drei Familien, die er wiederum in Unterfamilien unterteilt.

Die drei Ara-Gattungen *Cyanopsitta, Anodorhynchus* und *Ara* finden sich in der Unterfamilie *Psittacinae* der Papageienfamilie *Psittacidae.* Innerhalb der genannten Gattungen erkennt er neben der monotypen Gattung *Cyanopsitta* bei *Anodorhynchus* drei, bei *Ara* einschließlich zweier ausgestorbener Formen 15 Arten an (vergl. Schaubild A).

Eine wesentlich detailliertere Auffassung vertritt Wolters (1975):

Er unterteilt die Ordnung der Psittaciformes in 11 Familien. Die Aras gehören – gegliedert in vier Gattungen – innerhalb der Familie *Psittacidae* (eigentliche Papageien) zur Unterfamilie *Aratinginae* (Keilschwanzsittiche). Auch Wolters rechnet zur Gattung *Cyanopsitta* eine und zu *Anodorhynchus* drei Arten. Innerhalb der Gattung *Ara* erkennt er – im Gegensatz zu Forshaw (1973) – jedoch nur zwölf rezente Arten an. Die kleinste Art, der Blaustirn-Zwergara, bildet nach seiner Auffassung die einzige Art der Gattung *Diopsittaca* (Linné 1758), mit der Nominatform *D. nobilis* und einer Unterart *D. n. cumanensis* = *hahni* (vergl. Schaubild B).

Schaubild A: Systematische Stellung der Ara-Gattungen nach Forshaw (1973)

Die bei Forshaw aufgeführten ausgestorbenen Arten sind in diesem Schaubild nicht berücksichtigt.

ORDNUNG

PAPAGEIEN

FAMILIEN

Loriidae	*PSITTACIDAE*	*Cacatuidae*

UNTERFAMILIEN

Micropsittinae	*PSITTACINAE*	*Strigopinae*	*Nestorinae*

GATTUNGEN

Opopsitta	*Psittrichas*	*Cyanoramphus*	*Poicephalus*	*Cyanoliseus*	*Pionites*
Psittaculirostris	*Prosopeia*	*Eunymphicus*	*Agapornis*	*Phyrrhura*	*Pionopsitta*
Bolbopsittacus	*Alisterus*	*Neophema*	*Loriculus*	*Enicognatus*	*Gypossitta*
Psittinus	*Aprosmictus*	*Lathamus*	*Psittacula*	*Myiopsitta*	*Hapalopsittaca*
Psittacella	*Polytelis*	*Melopsittacus*	*Aratinga*	*Bolborhynchus*	*Graydidascalus*
Geoffroyus	*Purpureicephalus*	*Pezoporus*	*Nandayus*	*Forpus*	*Pionus*
Prioniturus	*Banardius*	*Geopsittacus*	*Leptosittaca*	*Brotogeris*	*Amazona*
Tanygnathus	*Platycercus*	*Coracopsis*	*Ognorhynchus*	*Nannopsittaca*	*Derotypus*
Eclectus	*Psephotus*	*Psittacus*	*Rhynchopsitta*	*Touit*	*Triclaria*

ANODORHYNCHUS

ARTEN

1. *A. hyacinthinus* (Hyazinthara)
2. *A. glaucus* (Glaucous-Ara)
3. *A. leari* (Lear's Ara)

CYANOPSITTA

ARTEN

1. *C. spixii* (Spix Blauara)

ARA

ARTEN

1. *A. ararauna* (Gelbbrustara)
2. *A. caninde* (Caninde-Ara)
3. *A. militaris* (Kl. Soldatenara)
4. *A. ambigua* (Gr. Soldatenara)
5. *A. macao* (Arakanga)
6. *A. chloroptera* (Grünflügelara)
7. *A. rubrogenys* (Rotohrara)
8. *A. auricollis* (Gelbnackenara)
9. *A. severa* (Rotbugara)
10. *A. manilata* (Rotbauchara)
11. *A. maracana* (Rotrückenara)
12. *A. couloni* (Blaukopfara)
13. *A. nobilis* (Blaustirn-Zwergara)

Schaubild B: Systematische Stellung der Ara-Gattungen nach Wolters (1975)

Die bei Wolters aufgeführten ausgestorbenen Arten sind in diesem Schaubild nicht berücksichtigt.

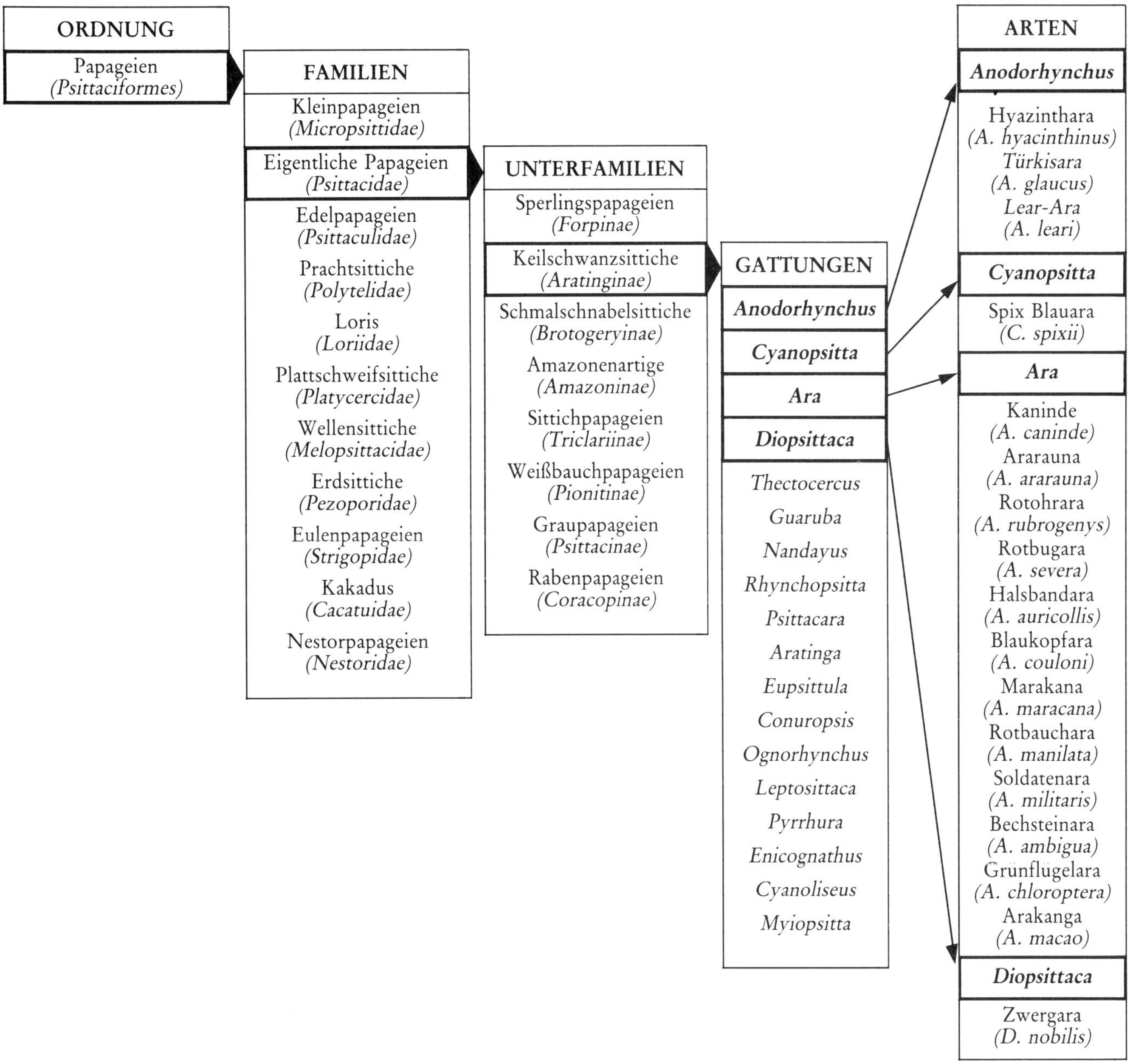

Zur besseren Übersicht sollen nachfolgend alle rezenten Arten und Unterarten der drei Ara-Gattungen mit deutschem, englischem und wissenschaftlichem Namen aufgeführt werden.

Die Reihenfolge der Darstellung entspricht der von Forshaw (1973), allerdings bleiben die dort aufgelisteten ausgestorbenen Arten unerwähnt.

Die bisher übliche Bezeichnung Caninde-Ara *(Ara caninde)* wurde aufgrund neuester wissenschaftlicher Forschung (s. u.) verändert. Die korrekte Bezeichnung lautet Blaukehl-Ara *(Ara glaucogularis)*.

Genus: *Anodorhynchus*

– *hyacinthinus*	Hyacinth-Macaw	Hyazinth-Ara
– *glaucus*	Glaucous-Macaw	Glaucous-Ara
– *leari*	Lear's Macaw	Lear's Ara

Genus: *Cyanopsitta*

– *spixii*	Spix's Macaw	Spix Blauara

Genus: *Ara*

– *ararauna*	Blue and Yellow Macaw	Gelbbrustara
– *glaucogularis*	Blue-throated Macaw	Blaukehl-Ara
früher: *caninde*	früher: Caninde Macaw	früher: Caninde-Ara
– *militaris*	Military Macaw	Kleiner Soldaten-Ara
– *m. militaris*	–	–
– *m. mexicana*	–	–
– *m. boliviana*	–	–
– *ambigua*	Buffon's Macaw	Großer Soldaten-Ara
– *a. ambigua*	–	–
– *a. guayaquilensis*	–	–
– *macao*	Scarlet Macaw	Arakanga oder Hellroter Ara
– *chloroptera*	Green-winged Macaw	Grünflügel- oder Dunkelroter Ara
– *rubrogenys*	Red-fronted Macaw	Rotohrara
– *auricollis*	Yellow-collared Macaw	Gelbnackenara
– *severa*	Chestnut-fronted Macaw	Rotbugara
– *s. severa*	–	–
– *s. castaneifrons*	–	–
– *manilata*	Red-bellied Macaw	Rotbauchara
– *maracana*	Illiger's Macaw	Rotrückenara
– *couloni*	Blue-headed Macaw	Blaukopf- oder Gebirgsara
– *nobilis*	Red-shouldered Macaw	Blaustirn-Zwergara
– *n. nobilis*	–	–
– *n. cumanensis*	–	–
– *n. longipennis*	–	–

Ein typischer Aufenthaltsort für den Hyazinthara *(A. hyacinthinus)* sind die Buriti-Palmenhaine in Bahia, Brasilien.

Eine Sonderstellung innerhalb der rezenten Vertreter der Gattung *Ara* nimmt der Blaukehl-Ara *(Ara glaucogularis)* ein, der bisher üblicherweise Caninde-Ara genannt wurde.

Neben dem Problem der korrekten Namensgebung (siehe Ingels u. a. 1982) geht es vor allem um die Frage nach der Wertigkeit dieser Ara-Form als eigene Art oder Unterart von *A. ararauna.* Forshaw (1973) bezeichnet diesen Ara als mysteriösen Vogel, dessen Einordnung als Art, Unterart oder aber als Jugendform des Ararauna bisher unklar sei.

Die letztere Vermutung ist mittlerweile widerlegt. Gefangenschaftszüchtungen haben gezeigt, daß juvenile Araraunas sich lediglich durch die Färbung der Augen von der Adultform unterscheiden.

Mit der weiterhin strittigen Frage nach der Wertigkeit dieses Aras als eigene Art oder Unterart des Gelbbrustaras beschäftigt sich Reinhard (1982). Er führt neben den Unterschieden in Körpergröße und Färbung vor allem die differierende Stimme an, ein Kriterium, welchem bei der systematischen Einordnung phänotypisch ähnlicher Tiere große Bedeutung zukommt. Weiterhin weist er darauf hin, daß beide Formen in Teilen ihres Verbreitungsgebietes ohne erkennbare Übergänge nebeneinander vorkommen, was für das Vorhandensein von Arten und nicht von Unterarten spricht.

Auch Wolters (1975) scheint bei der systematischen Bestimmung dieser Form gewisse Zweifel zu hegen; er betrachtet sie jedoch, wenn auch mit einem Fragezeichen versehen, als eigene Art.

Eine Arbeit von Ingels, Parkes und Farrand (1981) beschäftigt sich neben der taxonomischen Wertigkeit vor allem mit der korrekten Namensgebung dieser Ara-Form.

Im westlichen Santa Cruz in Bolivien trifft man oft Gelbbrustaras *(A. ararauna)* und Hellrote Aras *(A. macao)* in gemischten Gruppen an. Auch Mischlinge zwischen beiden Arten sind dort gelegentlich beobachtet worden.

Die Verfasser fanden durch intensives Studium der älteren Fachliteratur heraus, daß es sich bei dem Namen *caninde* um ein Synonym von *ararauna* handelt und folglich nicht mit der zweiten bekannten blau-gelben Araform in Verbindung gebracht werden darf. Anstelle der bisher üblichen Bezeichnung *caninde* muß der erstmals von Dabenne (1921) verwendete Artname *glaucogularis* künftig angewendet werden.

Die Frage nach der Wertigkeit dieser Ara-Form ist für die Verfasser wenig strittig. Sie betrachten sie – ebenso wie Wolters – als selbständige Art, allerdings mit nahem verwandtschaftlichem Verhältnis zu *ararauna.*

Im Norden Nicaraguas und in Costa Rica schließen sich Hellrote Aras *(A. macao)* und Große Soldatenaras *(A. ambigua guayaquilensis)* gelegentlich zu gemischten Flügen zusammen.

„Sammellager" eines südamerikanischen Exporteurs, der die eingefangenen Papageien vor dem Verkauf auf engstem Raum zusammenpfercht. Als Sitzgelegenheiten stehen nur blanke Eisenstangen zur Verfügung. Neben mehreren Sittich- und Amazonenarten fallen vor allem die Rotbugaras *(A. severa)* und die Rotohraras *(A. rubrogenys)* auf, deren Bestände in freier Natur beträchtlich zusammengeschmolzen sind.

Vom Aussterben bedrohte Arten

Durch zunehmende Veränderung ihrer ursprünglichen Lebensräume (ständige Ausdehnung der Agrarzonen, vermehrtes Abholzen der Wälder) sowie durch unkontrollierten Fang für die zoologischen Gärten und die Papageienliebhaber in aller Welt, stehen mittlerweile viele Papageienarten unmittelbar vor der Ausrottung.

Seit mehreren Jahren befaßt sich eine internationale Kommission mit dem Problem der vom Aussterben bedrohten Tier- und Pflanzenwelt. Eine entsprechende Verordnung, die Fang und Handel bedrohter Arten reguliert, ist seit 1973 unter dem Namen „Washingtoner Artenschutzübereinkommen" bekannt und wurde inzwischen von vielen Mitgliedstaaten ratifiziert. Die Bundesrepublik Deutschland unterzeichnete im Jahre 1976 dieses Abkommen, ist jedoch bisher noch immer nicht in der Lage, bei der Einfuhr bedrohter Arten den dort getroffenen Vereinbarungen gerecht zu werden, so daß nach wie vor gewisse Species von einigen skrupellosen Importeuren in den Handel gebracht werden können.

Bei den Araarten sind neben dem äußerst seltenen Spix-Ara *(Cyanopsitta spixii)* vor allem die kleineren Blauaraarten *(Anodorhynchus glaucus* und *A. leari)* unmittelbar betroffen und im Anhang I des WA aufgeführt. Alle anderen Arten sind seit dem 1. Juli 1981 im Anhang II dieses Abkommens aufgelistet.*

Wissenschaftliche Behörde in der Bundesrepublik ist das Bundesamt für Ernährung und Forstwirtschaft, Adickesallee 40, 6000 Frankfurt am Main 1, Postfach 18 02 03.

Die Einfuhrkontrolle durch den Gesetzgeber soll den kommerziellen Handel mit bedrohten Tier- und Pflanzenarten unterbinden. Im Einzelfall ist die Ein- oder Ausfuhr gefährdeter Arten gestattet, wenn sichergestellt ist, daß dieser Handel der Erhaltung der Art nicht abträglich ist und nicht vornehmlich zu kommerziellen Zwecken erfolgt.

* Vom 19. 4. bis 30. 4. 1983 fand in Gaborone/Botswana die vierte Vertragsstaatenkonferenz zum WA statt. Mit Wirkung vom 27. Juli 1983 sind nun auch der Blaukehlara *(A. glaucogularis)* sowie der Rotohrara *(A. rubrogenys)* in den Anhang I des WA aufgenommen worden.

Nicht selten landen erlegte Aras in den Kochtöpfen der einheimischen Bevölkerung. Tiere, die vor Inkrafttreten des WA vielleicht an Exporteure verkauft worden wären, bereichern nun den Speisezettel der Indios.

Die folgenden Zeichnungen wurden erstmals 1907 in Lord Rothschilds Buch „Extinct Birds" veröffentlicht. Der Maler stützte sich dabei ausschließlich auf die Berichte und Aufzeichnungen reisender Naturforscher, die ihre Beobachtungen in Tagebüchern festhielten. Für alle Arten – mit Ausnahme des Kuba-Aras, dessen ehemalige Verbreitung auf der Insel Kuba durch Museumsexemplare nachgewiesen werden kann – gibt es jedoch keine definitiven Hinweise über Aussehen und Existenz, so daß die Möglichkeit der Identität mit rezenten Arten nicht auszuschließen ist.

Ausgestorbene Arten

Die ehemalige Verbreitung der Aras auf den Westindischen Inseln (= Bahama-Inseln, Kleine und Große Antillen, Jungfern-Inseln) in Mittelamerika steht außer Zweifel.

Mit Ausnahme des Kuba-Aras *(Ara tricolor)*, dessen Existenz durch einige Museumsexemplare belegt werden kann, ist es jedoch äußerst schwierig, das Vorkommen der nachfolgend beschriebenen Arten zu dokumentieren. Man stützt sich dabei auf Reiseberichte und Aufzeichnungen in alten Schiffahrtsbüchern.

Über die äußere Erscheinung einiger Arten sind kaum Einzelheiten bekannt; es ist durchaus möglich, daß sie mit rezenten Arten identisch waren.

Genus: *Anodorhynchus*

a) *Anodorhynchus purpurascens*

Bei diesem Vogel handelte es sich vermutlich um einen großen violett-blauen Ara, den Rothschild (1907) der Gattung *Anodorhynchus* zuordnete. Auf seiner Heimatinsel Guadeloupe wurde er von den dortigen Eingeborenen wegen seiner dekorativen Schwanzfedern und zum Nahrungserwerb gejagt. Als die ersten Europäer Guadeloupe entdeckten, war er bereits ausgestorben.

Genus: *Ara*

a) *Ara authocthones*

Über das äußere Erscheinungsbild dieses Aras, der ehemals die Insel St. Croix (Jungfern-Inseln) bewohnte, liegen keine Angaben vor. Man kennt die Form nur durch fossile Ausgrabungen (Forshaw 1973).

b) *Ara atwoodi*

Vermutlich handelte es sich um eine grün gefärbte Art, die die Insel Dominica bewohnte. Einzelheiten sind nicht bekannt.

c) *Ara erythrocephala*

Rotkopf-Ara; früheres Verbreitungsgebiet: Jamaika.

d) *Ara erythrura*

Blaugelb gefärbte Art, die auf einer oder mehreren Westindischen Inseln beheimatet war.

e) *Ara gossei*

Der Naturforscher Gosse benannte und beschrieb 1847 diese Ara-Art, die in geringer Stückzahl auf der Insel Jamaika gesichtet wurde.

Sie war an Stirn, Scheitel und im Nackenbereich gelb gefärbt, während die übrigen Kopfpartien scharlachrot und die Flügel blau gezeichnet waren.

f) *Ara guadeloupensis*

Verschiedene Seefahrer des 15. und 16. Jahrhunderts, unter ihnen C. Columbus, berichten in ihren Aufzeichnungen über diesen Ara, der auf den Inseln Guadeloupe, Martinique und möglicherweise Dominica vorkam.

Die Karibik-Indianer jagten ihn zu Nahrungszwecken, während die ersten Europäer ihn als Käfigvogel schätzten. Der Guadeloupe-Ara ähnelte in seinem Aussehen dem Arakanga *(A. macao)*; er wies jedoch im Gegensatz zu diesem einen intensiv rot gefärbten Schwanz auf.

g) *Ara martinica*

Rothschild (1907) beschrieb und benannte diese Art, die vermutlich nur auf der Insel Martinique zu finden war und dem Gelbbrustara *(A. ararauna)* ähnelte.

Man glaubt, daß C. Columbus mehrere Exemplare des Martinique-Aras bei seiner Rückkehr mit nach Spanien brachte, wo sie in öffentlichen Anlagen ausgestellt wurden.

Die große Ähnlichkeit mit den rezenten Anodorhynchus-Arten ist bei der ausgestorbenen Form *Anodorhynchus purpurascens* nicht zu übersehen. Die Erstbeschreibung der Art erfolgte 1838 durch Navarette, die wissenschaftliche Benennung 1905 durch Rothschild.

h) *Ara tricolor*

Genaue Kenntnisse zur äußeren Erscheinung des Kuba-Aras ergeben sich aus der Analyse der Museumsexemplare, die in mehreren amerikanischen und europäischen Instituten vorzufinden sind. Es handelt sich um insgesamt 14 Bälge, von denen fünf in Museen der USA und neun in Europa aufbewahrt werden.

An dieser Stelle sei eine Beschreibung dieser Araart wiedergegeben; sie ist entnommen aus der Arbeit von Luther (1970):

„Länge 45–50 cm; scharlachrot; Oberkopf gelblich-rot; Nacken gelb; Bürzel und Oberschwanzdecken hellblau; Flügel purpurblau; kleine Decken bräunlich-rot gesäumt; Schwanz oberseits blau mit roten Federbasen, unterseits rot; Unterschwanzdecken blau."

Der Kuba-Ara starb erst im letzten Jahrhundert aus, etwa zwischen 1864 und 1885. Abschuß zu Nahrungszwecken und Fang von Käfigvögeln sind die einzigen bekannten Ursachen, die möglicherweise zum Aussterben dieser Art beigetragen haben.

Der Rotkopf-Ara *(A. erythrocephala)*, ehemals verbreitet auf der Insel Jamaika, gleicht weitgehend dem Soldatenara *(A. ambigua)*.

Ara erythrura.
Blau-gelb gefärbte
Art, die auf den
Westindischen Inseln
vorkam.

Der Gelbstirnara *(A. gossei),* auch Jamaika-Ara genannt, wurde zuletzt 1765 in der Nähe der Stadt Lucea im nördlichen Teil von Jamaika gesehen. Es ist möglich, daß *Ara gossei* eine Inselrasse des Kuba-Aras gewesen ist.

Martinique-Ara *(A. martinica)*, der vermutlich ausschließlich auf der Insel Martinique beheimatet war.

Der Kuba-Ara *(A. tricolor)* starb vermutlich erst Mitte des vergangenen Jahrhunderts aus. Nachweise von Käfigvögeln liegen bis 1885 vor.

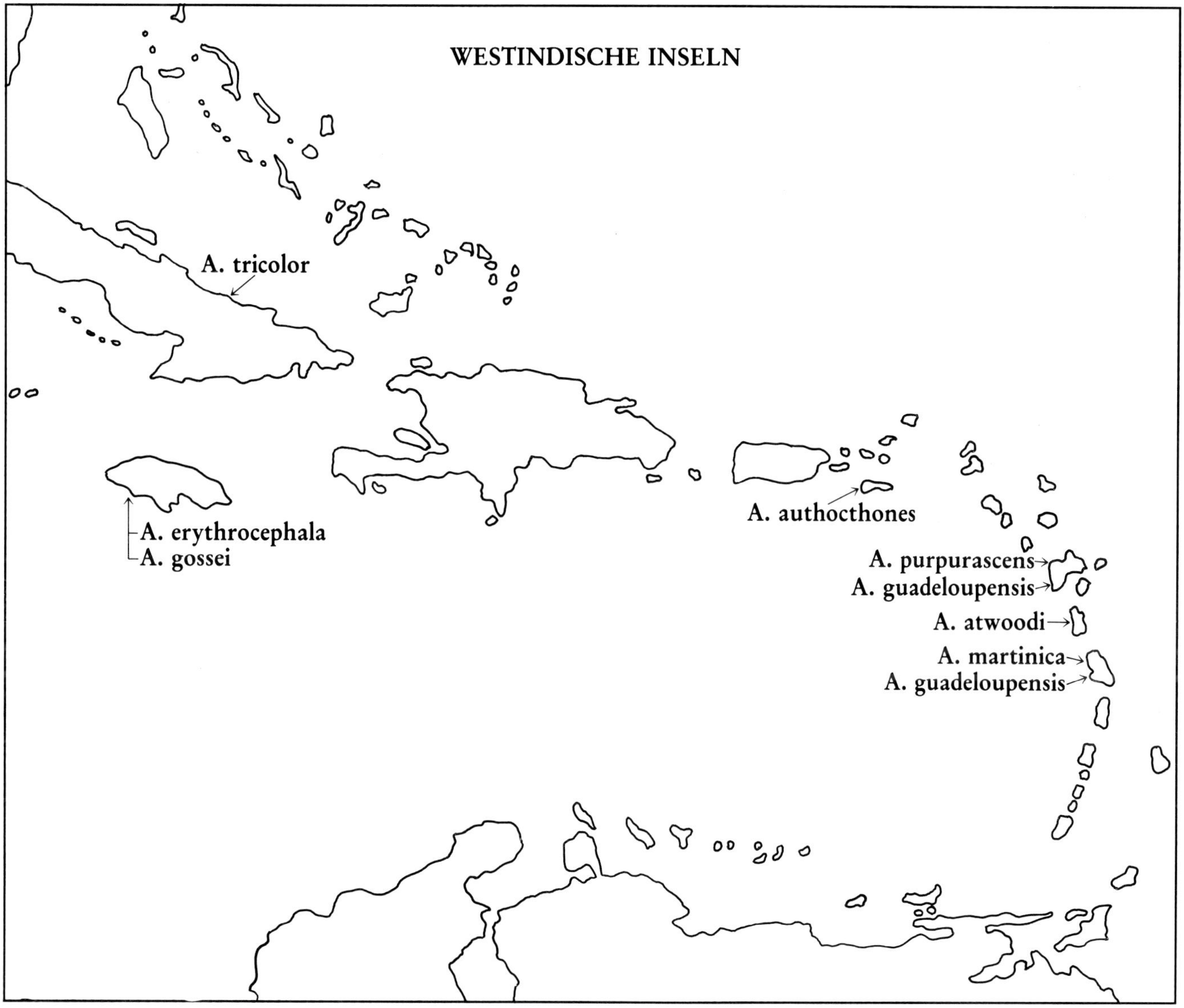

Ursprüngliche Verbreitungsgebiete der ausgestorbenen Araarten.

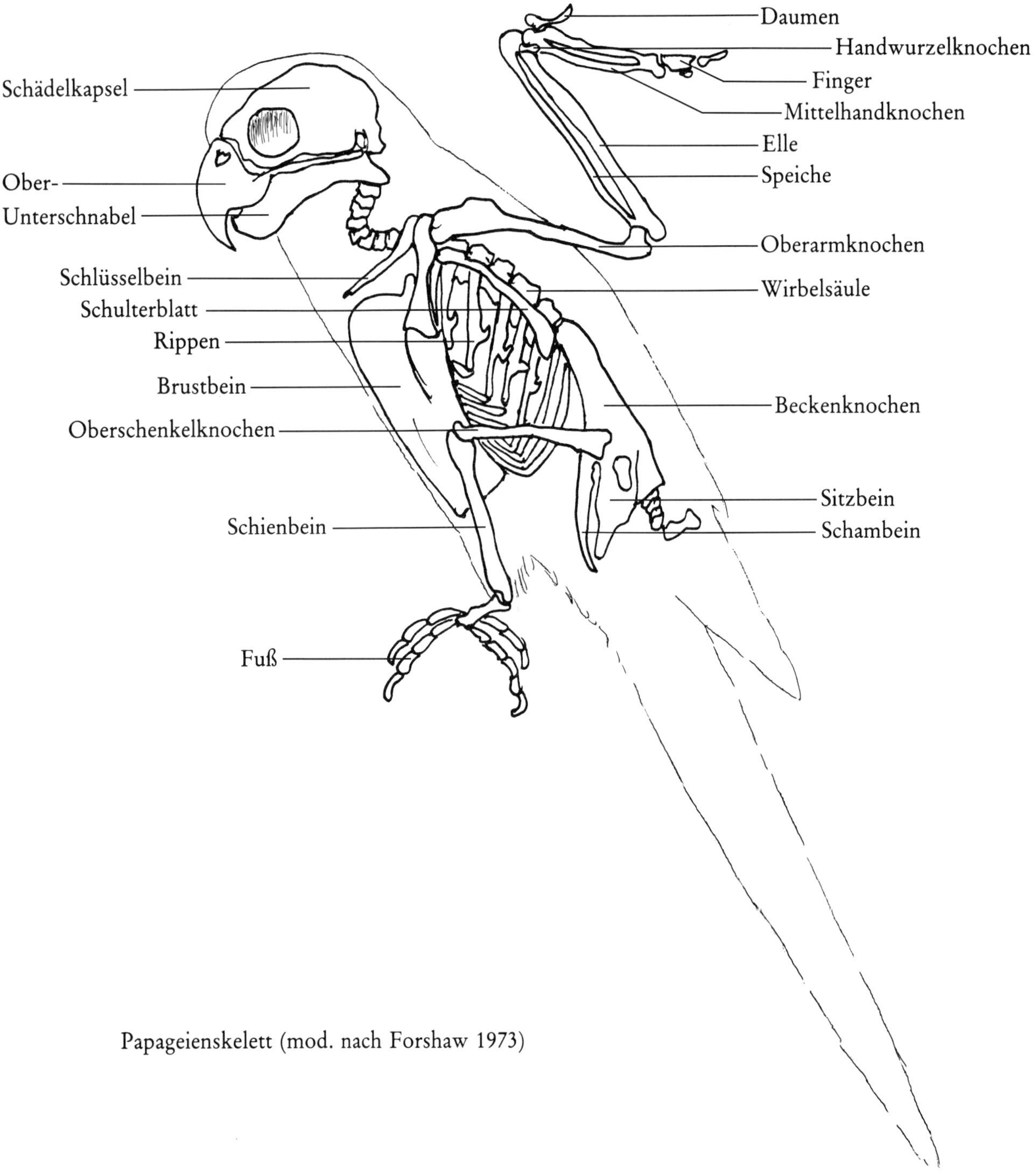

Papageienskelett (mod. nach Forshaw 1973)

Anatomie und Physiologie

Skelett

Charakteristisch für das Vogelskelett ist seine Leichtigkeit, verbunden mit großer Stabilität, welche durch das Zusammenwachsen verschiedener Skeletteile erreicht wird. Das geringe Gewicht wird – zur besonderen Anpassung an eine fliegende Lebensweise – durch Ausbildung von dünnwandigen und luftgefüllten Röhrenknochen und dünnen Schalenkonstruktionen erzielt.

Ein auffallendes Merkmal aller Papageien ist der kräftige, gebogene Oberschnabel, der mit der rundlich-ovalen Schädelkapsel beweglich verbunden ist. Zusammen mit dem Unterschnabel, der – innerhalb gewisser Grenzen – in alle Richtungen bewegt werden kann, ergibt sich ein ausgezeichnetes Werkzeug zur Aufnahme und Zerkleinerung von Nahrung verschiedenster Art. Darüber hinaus kommt dem Schnabel eine entscheidende physiologische Bedeutung als „dritte Hand" beim Klettern zu.

Schnabel und Krallen sind von blutführendem Horngewebe bedeckt und befinden sich in einem ständigen Wachstumsprozeß, dem im Freileben die natürliche Abnutzung entgegenwirkt.

In der Gefangenschaft kann es gelegentlich zu einem gestörten Verhältnis zwischen Zuwachs und Abnutzung kommen; in solchen Fällen können unter Umständen kleine Korrekturen notwendig werden, wobei jedoch die genaue Kenntnis des blutführenden Gewebes von Bedeutung ist (vergl. Kapitel: Pflege).

Auf der Innenseite des Oberschnabels befinden sich die sogenannten Feilkerben, hornige Vertiefungen, die das Festhalten von Gegenständen und Zerkleinern von fester Nahrung erleichtern und gleichzeitig Abnutzung und Schärfung des Unterschnabels bewirken.

Schnabelform und -größe stehen in direktem Verhältnis zur Art der aufgenommenen Nahrung sowie zur eigenen Körpergröße.

Eine weitere entscheidende Bedeutung kommt den hinteren Extremitäten zu, die bei Papageien in Anpassung an ihre baumbewohnende Lebensweise zu Kletterorganen ausgebildet sind. Die Zehenstellung – die erste und vierte Zehe zeigt nach hinten, die zweite und dritte nach vorn – macht den Papageienfuß, ähnlich wie den der Tukane und Spechte, zu einem idealen Greif- und Kletterwerkzeug, welches in Verbindung mit dem ausgeprägten Schnabel einer kletternden Fortbewegungsweise sehr entgegenkommt.

Eine den Vordergliedmaßen der Säugetiere entsprechende Einrichtung stellen die Flügel dar, die durch Ausbildung eines kräftigen Knochenskeletts die fliegende Fortbewegung der verhältnismäßig schweren Papageienvögel ermöglichen.

Das weitere Skelett besteht aus Hals-, Brust-, Becken- und Schwanzknochen, deren anatomische Beschaffenheit und Lage aus dem beigefügten Schaubild zu ersehen ist.

Muskulatur

Beinahe alle Vögel weisen kräftig ausgebildete Brustmuskeln auf, die paarig vorhanden sind. Die darunter liegenden kleineren Muskeln wirken als Antagonisten der Brustmuskeln bei der Koordination der für die Flugbewegungen erforderlichen Muskelkräfte.

Ebenfalls gut entwickelt sind die Muskeln der Schenkel und Beckenregion, die durch lange Sehnen große Kraft auf Fuß und Lauf übertragen.

Ein besonderer Sperrmechanismus in der Sehne, die den Fuß schließt, sorgt dafür, daß dieser auch während des Ruhens und Schlafens ohne anhaltende Muskelspannung geschlossen bleibt.

Die Bauch- und Rückenmuskulatur ist schwach, die des Halses und des Schnabels außerordentlich stark ausgeprägt. Die große Kraft, die Aras mit dem Schnabel entwickeln können, ist damit leicht erklärlich.

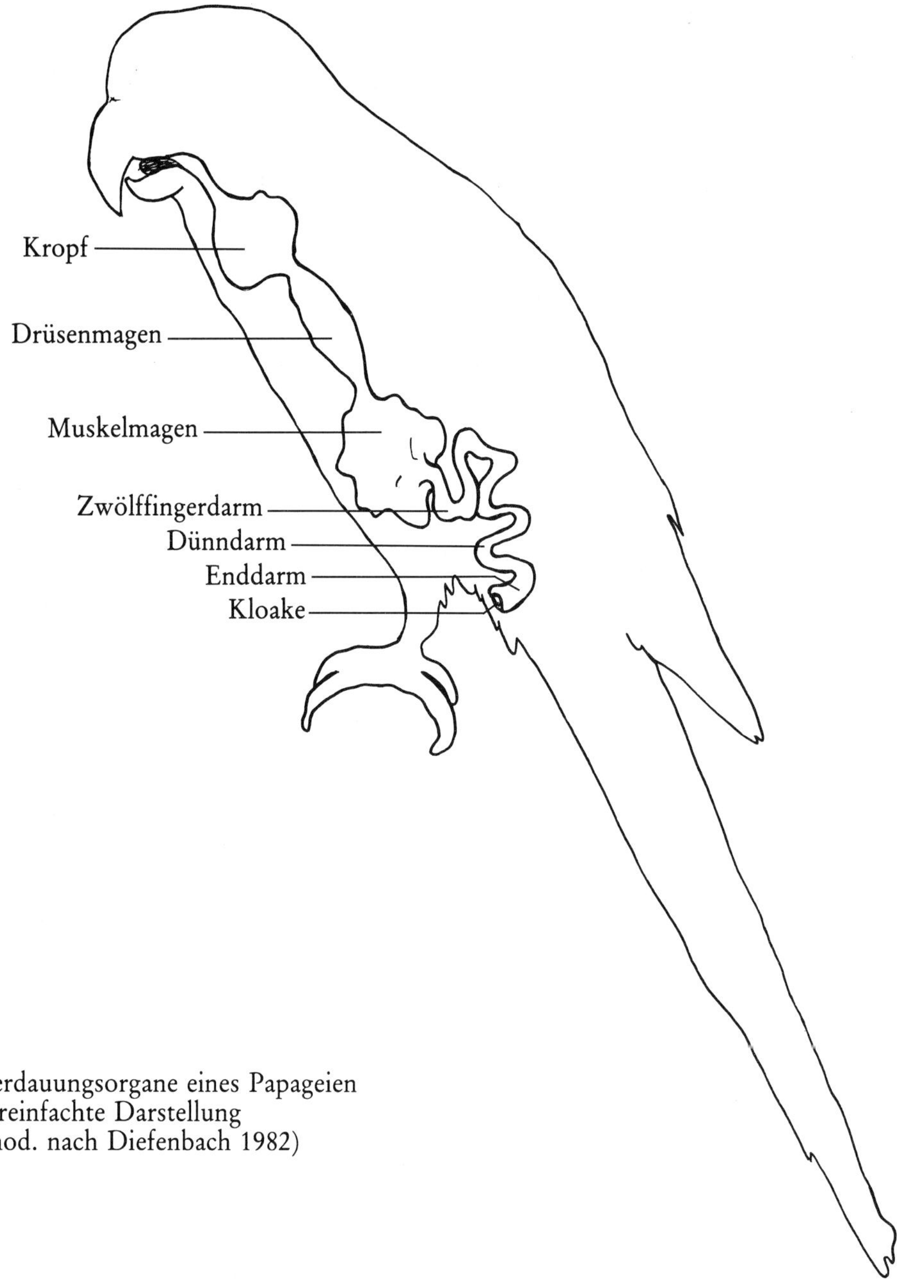

Verdauungsorgane eines Papageien
vereinfachte Darstellung
(mod. nach Diefenbach 1982)

Verschiedene Ara-Hybriden im Flug ▶

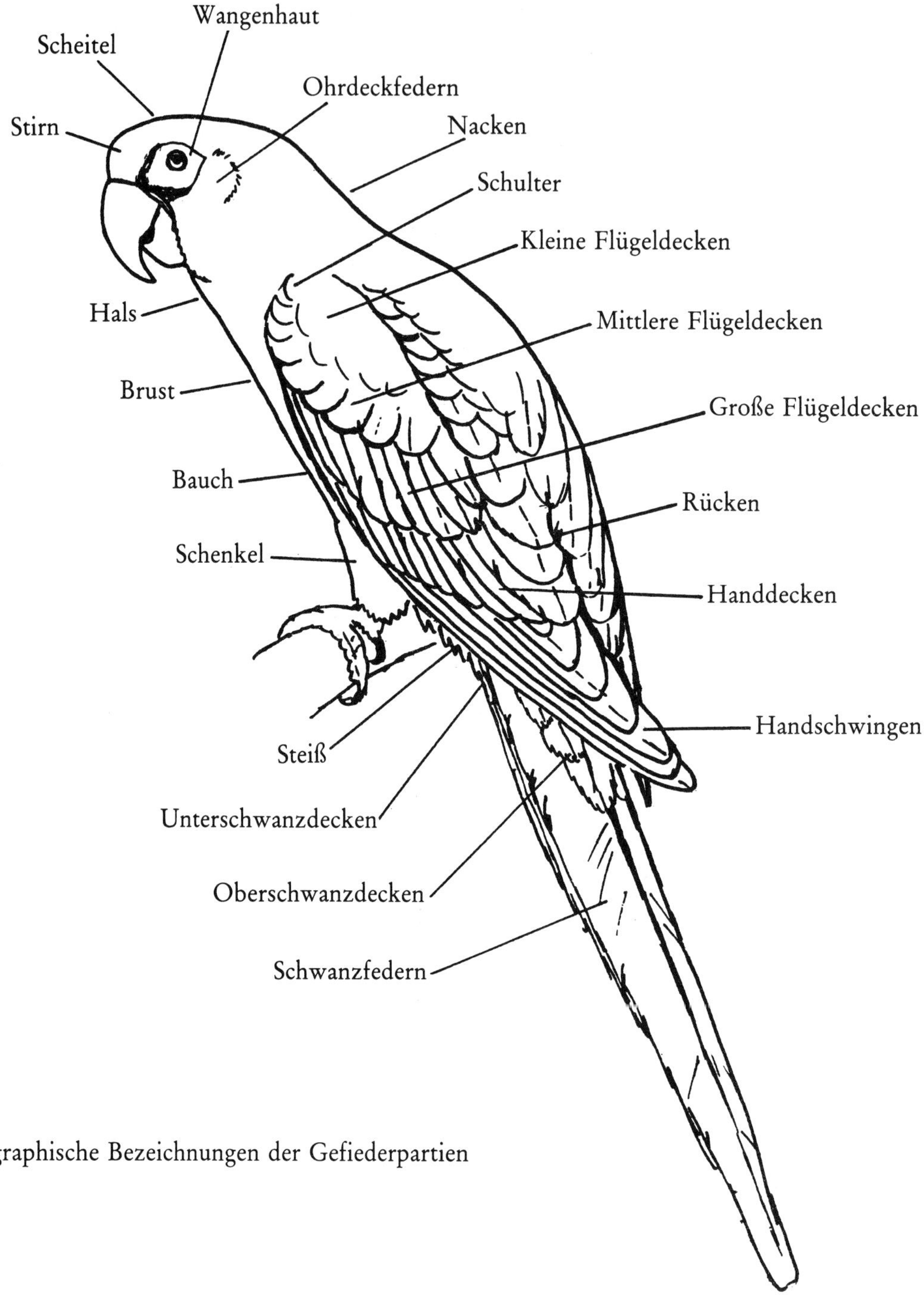

Topographische Bezeichnungen der Gefiederpartien

Verdauungsorgane

Die Zunge der Aras ist ein muskulöses, fleischiges Organ, welches durch die an der Zungenspitze befindlichen Geschmacksnerven eine Unterscheidung zwischen genießbarem und ungeeignetem Futter zuläßt. Zusammen mit Ober- und Unterschnabel ermöglicht sie das Zerkleinern und Enthülsen von Sämereien.

In der Mundhöhle erleichtern zahlreiche Speicheldrüsen das Weitergleiten der festen Futterbestandteile in den Kropf.

Die Speiseröhre erweitert sich an ihrem Ende zu einem Kropf, der die Nahrung speichert, aufweicht und später an den Drüsenmagen weitergibt.

Hier wird das Futter mit Verdauungssäften (bestehend aus den Fermenten Pepsin, Salzsäure u. a.), die im Drüsenmagen produziert werden, vermischt und weiter vorverdaut. Ebenso wie der Kropf kann der Drüsenmagen als Nahrungsspeicher dienen, der es dem Vogel ermöglicht, eine größere Nahrungsmenge aufzunehmen, wenn an einer Futterstelle geeignete Früchte oder Sämereien im Überfluß zur Verfügung stehen.

Nach der Passage des Drüsenmagens gelangt die Nahrung in den aus zwei Muskelpaaren bestehenden Muskelmagen. Zwischen diesen Muskeln werden die festen Bestandteile des Futters zerrieben. Aufgenommene Steinchen verstärken deren reibende Wirkung. Steht den Tieren in Gefangenschaft über längere Zeit weder Sand noch Grit zur Verfügung, ist die ordnungsgemäße Verdauung der Tiere nicht mehr gewährleistet.

Die weiteren Abschnitte des Verdauungstraktes bestehen aus Zwölffingerdarm, Dünndarm und Enddarm. Im Enddarm wird dem Kot vor dem Ausscheiden ein Teil seines Wassers entzogen.

Gefieder

Das Federkleid der Vögel ist eine Anpassung an eine teilweise fliegende Lebensweise. Darüber hinaus erfüllt es im Hinblick auf die hohe Körpertemperatur der Vögel wichtige Aufgaben bei der Wärmeisolation.

Die Federn kann man grob in Konturfedern und Dunenfedern einteilen. Sie sind aufgebaut aus Hornsubstanz und bestehen aus einer Spule und der Federfahne.

Die größten Konturfedern sind die Handschwingen der Flügel und die Schwanzfedern.

Dunen findet man bei Jungvögeln sowie im Untergefieder adulter Tiere. Sie dienen ausschließlich der Wärmeisolation. Viele Papageien besitzen darüber hinaus sog. Puderdunen, die laufend ein puderartiges Sekret absondern, das sich auf den Außenseiten der Konturfedern auflagert. Der fetthaltige Staub wirkt ähnlich wie das Fett einer Bürzeldrüse. Diese ist bei vielen Papageien stark zurückgebildet und beinahe funktionslos, so daß – je nach Art – deren ursprüngliche Funktion weitgehend von den Puderdunen übernommen wird. Der Puderstaub ist wasserabweisend und schützt das Gefieder vor einer Durchnässung.

Die Färbung des Papageiengefieders kommt durch Einlagerung von Pigmentstoffen sowie durch Lichtbrechungseffekte zustande. Alter und Geschlecht eines Vogels können sich auf die Intensität der Färbung auswirken.

Die bei vielen Vogelarten periodisch sich wiederholende Mauser ist für Papageien nicht charakteristisch. Diese erneuern laufend abgestoßene, funktionslos gewordene Federn, vor allem nach Beendigung des Brutgeschäftes.

Die Angaben zur Anatomie und Physiologie verdanke ich vor allem den Arbeiten von Forshaw (1973), Pinter (1979) und Diefenbach (1982).

„Schnabelgefecht" zwischen einem Gelbbrust- *(A. ararauna)* und einem Hellroten Ara *(A. macao)* als Element des Drohverhaltens.

Verhalten

Freilandbeobachtungen von Aras sind im Schrifttum kaum dokumentiert.

Neben diversen Exkursionsberichten (Haverschmidt 1968, Wetmore 1968, Meyer de Schauensee 1970, u. a.), denen verschiedene Angaben über das Freileben einzelner Arten zu entnehmen sind, findet sich insbesondere bei Forshaw (1973) eine kurze zusammenfassende Darstellung der Biologie und Ethologie der drei Ara-Gattungen.

Das Verhalten von Aras in Gefangenschaft – vor allem das Brutverhalten – wurde dagegen bereits von mehreren Autoren beschrieben (vgl. Risdon 1965, Kirchhofer 1973, Decoteau 1982, Robiller u. Trogisch 1982, u. v. a.).

Deckert u. Deckert (1982) sowie Hick (1962) befassen sich mit dem Spielverhalten einzelner Arten.

Im vorliegenden Abschnitt werden unter Gefangenschaftsbedingungen häufig zu beobachtende Verhaltenselemente beschrieben. Studien an eigenen Tieren wurden durch Beobachtungen von Rotrücken-, Grünflügel-, Soldaten- und Hyazintharas der zoologischen Gärten Bochum und Duisburg gestützt.

Wie die meisten Großpapageien halten auch alle Araarten größere Futterbrocken während des Fressens mit dem Fuß fest.

Außersoziale Verhaltensweisen

Fortbewegung

Eine kletternde Fortbewegungsweise ist – ebenso wie bei vielen anderen Papageien – auch bei Aras in verstärktem Maße zu beobachten und wird durch die zygodaktyle Zehenstellung sowie durch den Schnabel als zusätzliches Greiforgan unterstützt.

Beim Laufen im Geäst wird ein Fuß vor den anderen gesetzt, wobei der Vogel seine Körperlängsachse parallel zur Astrichtung dreht.

Während Laufen und Klettern hauptsächlich zur Überwindung kurzer Strecken dient, werden größere Entfernungen fliegend zurückgelegt.

Der Flug der Groß-Aras ist trotz des stämmigen Körperbaues gewandt, schnell und direkt.

Manche Arten, die als Teilstreckenzieher ihren Standort nach dem jeweiligen Futterangebot ausrichten, sind ausdauernde Flieger, die in Schwärmen oder Kleingruppen täglich Entfernungen von über 20 km zurückzulegen vermögen.

Nahrungsaufnahme

In Freiheit ernähren sich Aras von Früchten, Beeren, Knospen und verschiedenen Sämereien.

Während der Erntezeit fallen sie oft in größerer Anzahl in Getreideanbaugebiete ein und nehmen dort Korn in verschiedenen Reifestadien zu sich. Auch in Bananenplantagen richten die Tiere oft große Schäden an und werden von den Einheimischen rücksichtslos verfolgt.

Sämereien werden enthülst, indem sie mit der Zunge gegen die Feilkerben im Oberschnabel gedrückt und von der Schale befreit werden.

Große Samenkörner, Obststücke u. a. werden mit dem Schnabel ergriffen, danach in den Fuß genommen, enthülst und Stück für Stück verzehrt. Dieser Verhaltensweise wird bei der taxonomischen Einordnung einer Vogelart eine große Bedeutung zugemessen (vgl. dazu Smith 1971).

Baden

Bei den untersuchten Arten konnte lediglich das Baden im Wasser festgestellt werden. Staub- oder Sandbäder, wie sie bei anderen Vogelarten häufig vorkommen, konnten nicht beobachtet werden.

Grundsätzlich müssen zwei Arten des Badens unterschieden werden: Das Baden in Badegefäßen und Regenbaden.

Das Baden in Badegefäßen (oder Regenpfützen) wird häufig bei weiblichen Tieren während der Brutzeit beobachtet und dient offensichtlich der Regulierung der Luftfeuchtigkeit innerhalb der Bruthöhle.

Aras stehen dabei nie mit den Füßen im Wasser, sondern krallen sich am Schalenrand fest. Mit gesträubtem Gefieder tauchen sie in schneller Folge Kopf und Vorderkörper ins Wasser und befeuchten so diejenigen Körperpartien, die beim Brüten direkt mit dem Gelege in Berührung kommen.

Auch außerhalb der Brutzeit kann dieses Badeverhalten gelegentlich festgestellt werden. Regenbaden wird jedoch eindeutig bevorzugt.

Mit gesträubtem Gefieder und leicht abgestellten Flügeln beginnt ein solches Bad. Zur besseren Durchnässung des Gefieders wird es in seinem weiteren Verlauf von Flügelschlagen und Körperdrehungen begleitet. Die Schwanzfedern können dabei hochgestellt und gespreizt werden.

Streckbewegungen

Bei allen Araarten gleichen sich die Streckbewegungen im wesentlichen.

Beide Flügel können gleichzeitig schwach über dem Rükken gespreizt bzw. kurz vollkommen ausgestreckt werden.

Ebenso häufig ist das Strecken eines Flügels, welches sich oft an die zuvor genannte Streckbewegung anschließt. Dabei werden die Federn des Flügels zusammen mit dem entsprechenden Fuß und einem Teil der Schwanzfedern nach unten abgespreizt.

Das gleichzeitige Strecken beider Flügel konnte bisher bei Aras nicht festgestellt werden, während diese Verhaltensweise bei anderen Vertretern der Familie gelegentlich vorkommt.

Streckbewegungen finden während des ganzen Tages statt, folgen jedoch in der Regel auf eine Ruhephase. Die Anzahl der täglichen Streckbewegungen ist unterschiedlich, nimmt jedoch in der Zeit der Mauser eindeutig zu.

Bei verpaarten Tieren sind diese Bewegungen synchron, eine Beobachtung, die sowohl Dilger (1960) bei *Agapornis,* als auch Diefenbach (1979) bei *Cacatua* machte.

Das gelegentlich zu beobachtende „Gähnen" ist vermutlich als Streckbewegung der Schnabelpartien zu werten. Ein Zunehmen der Häufigkeit muß jedoch als symptomatisch für eine Erkrankung der Atemwege, der Schnabelhöhle, des Kropfes o. ä. angesehen werden.

Kratzen

Auf die Bedeutung des Kratzverhaltens bei der systematischen Einordnung von Papageien weisen Simmons (1957) und Brereton u. Immelmann (1962) hin.

Alle Araarten kratzen sich unter dem Flügel hindurch, d. h. sie führen den Fuß wie beim Futterhalten zum Kopf und vollziehen dann in zumeist schneller Folge Kratzbewegungen. Sollen verschiedene Kopfpartien erfaßt werden, wird der Kopf nach vorn geneigt oder anderweitig in eine geeignete Stellung gebracht.

Schnabelpflege

Wie viele andere Vögel und Papageien säubern auch Aras ihren Schnabel von anhaftendem Futter durch scheuernde Bewegungen an einem Ast.

Lösen sich auch nach wiederholten Versuchen die Futterreste nicht, führt der Vogel einen Fuß zum Schnabel und bemüht sich, diesen durch eine dem Kratzen ähnliche Bewegung zu reinigen.

Einen großen Teil des Tages verbringen Aras mit dem Benagen der Sitzäste, wobei frischem Holz offensichtlich der Vorzug gegeben wird. Dies dient der natürlichen Abnutzung des Schnabels, ebenso wie die oft gehörten „knarrenden Kaugeräusche" während des Ruhens. Diese entstehen dadurch, daß der Vogel den Unterschnabel an den Feilkerben des Oberschnabels schärft.

Ruhen und Schlafen

Alle beobachteten Tiere verbrachten einen großen Teil des Tages in Ruhestellung.

Beobachtungen im Freiland haben gezeigt, daß die Hauptaktivitätsphasen der Aras in den frühen Morgenstunden sowie in den Nachmittags- und Abendstunden liegen. In der übrigen Zeit sitzen sie mit aufgeplustertem Gefieder und halb geschlossenen Augen in den oberen Ästen eines Baumes und ruhen. Gelegentlich wird dabei der Kopf wie bei der Schlafstellung über die Schulter gedreht.

Das Verhalten der Tiere in Gefangenschaft weicht von dieser Beschreibung nicht ab.

Erkrankte adulte Tiere und Jungvögel bis zu einem Alter von fünf bis sechs Monaten ruhen in der Regel auf zwei Beinen; alle anderen Tiere sitzen während des Ruhens oder Schlafens auf einem Fuß, während der andere an den Körper gezogen und im Gefieder erwärmt wird.

Die Schlafstellung gleicht der Ruhestellung. Der Vogel schließt die Augen völlig und verbirgt den Kopf im Rückengefieder.

Sozialverhalten

Hochentwickelte Papageien, zu denen auch die Aras gehören, leben außerhalb der Brutzeit in der Regel in Schwarmverbänden zusammen, die zwangsläufig ein Anwachsen der sozialen Auseinandersetzungen fördern. Im Verband ist der Individualraum begrenzt, eine Reviierabgrenzung nahezu unmöglich.

Der hieraus resultierenden Aggressionssteigerung mußten im Laufe der Entwicklungsgeschichte aggressionshemmende Mechanismen entgegengebracht werden, die in gewissen Situationen ein Unterschreiten des Individualraumes möglich machten.

Als Extremfall ist hier die Begattung anzusehen, bei der zum einen eine vorhandene Fluchttendenz abgebaut, zum anderen die Angriffsbereitschaft aufgehoben werden muß.

Spielverhalten

Wie alle hochentwickelten Papageien zeichnen sich auch Aras – vor allem Jungtiere und subadulte Vögel – durch besondere Spielbereitschaft aus.

Deckert u. Deckert (1982) unterscheiden Bewegungsspiele und Spiele mit Objekten (Solitärspiele) sowie Kampfspiele (Sozialspiele).

Neben den Bewegungsspielen, die im wesentlichen aus nicht „zweckgebundenen", „lustbetonten" Kletter- und Flugbewegungen bestehen, zollen Aras dem Spiel mit verschiedenen Objekten große Aufmerksamkeit.

Die von Deckert u. Deckert beschriebenen Grünflügelaras beschäftigten sich ausdauernd mit Maschinenschrauben, deren Muttern nicht nur ab-, sondern mit viel Mühe auch wieder aufgeschraubt wurden.

Hick (1962) beobachtete einen Hyazinthara, der sich gern mit einem Ball befaßte.

Die Anziehungskraft beweglicher Objekte beschreibt auch Teitler (1979), die ihre Aras – unter Ausnutzung des ihnen eigenen Spieltriebs – darauf abrichtet, kleine Karren und Dreiräder zu ziehen oder auf Rollschuhen zu laufen.

Als beschwichtigendes Element dient die soziale Gefiederpflege zur Festigung bzw. Bekräftigung der Paarbindung bei allen hochentwickelten Papageienarten.

Der beschriebene Hyazinthara hatte darüber hinaus viel Freude an den verschiedensten Geräuschen. So ließ er mit Vorliebe Gegenstände, die einen lauten Ton hervorriefen, auf den Boden fallen, um sie danach aufzunehmen und erneut fallen zu lassen.

Verteidigung und Kampf spielen im Leben erwachsener Aras wahrscheinlich eine entscheidende Rolle, so daß Teile dieses Verhaltens bereits beim Spiel subadulter Vögel erprobt werden.

Soziale Gefiederpflege

Eine zentrale Bedeutung innerhalb des Sozialverhaltens hochentwickelter Vögel kommt der sozialen Gefiederpflege zu. Neben dem Effekt des gegenseitigen Gefiederputzens an schwererreichbaren Körperstellen (z. B. im Kopf- und Steißbereich) hat diese Verhaltensweise vornehmlich aggressionsmindernde Funktion. Sie kann sowohl bei gleichgeschlechtlichen als auch bei verschiedengeschlechtlichen und verpaarten Tieren beobachtet werden.

Aufschlüsse für die Bestimmung der Geschlechter ergeben sich für den Züchter hierdurch kaum, wenn auch bei Tieren einer heterosexuellen Verbindung dieses Element während der Balzzeit (unwesentlich) häufiger vorkommt.

Beim ersten Zusammentreffen zweier sich fremder Tiere kann, anstelle aggressiven Verhaltens, innerhalb kurzer Zeit gegenseitiges Gefiederputzen erfolgen.

Bei verpaarten Tieren dient die soziale Gefiederpflege der Beschwichtigung des Partners sowie dem Erhalt und der Verstärkung der Paarbindung. In Konfliktsituationen unterstreicht sie Zusammengehörigkeitsgefühl und Verteidigungsbereitschaft zweier Tiere.

In der Fortpflanzungszeit, besonders in der Präkopulativphase, findet die soziale Gefiederpflege ihre Hauptbedeutung als „Aggressionshemmer". Erst durch Unterdrükkung aggressiver Verhaltensweisen kann es zu einer direkten Annäherung zweier paarungsbereiter Tiere kommen und später eine Begattung eingeleitet werden.

Partnerfüttern

Bei geschlechtsreifen, verpaarten Aras ist das Element des Partnerfütterns häufig zu beobachten.

In der Regel füttert der Hahn die Henne, indem er mit nickenden Kopfbewegungen Futterschleim aus dem Kropf hervorwürgt und diesen an sein Gegenüber weitergibt. Die Henne nimmt währenddessen eine ähnliche Haltung ein wie ein unselbständiges Jungtier und drückt damit Beschwichtigung, Unterwürfigkeit und Paarungsbereitschaft aus.

Ebenso wie die soziale Gefiederpflege dient auch das Partnerfüttern der Bekräftigung des Paarzusammenhaltes und kann vereinzelt auch außerhalb der Brutzeit bei verpaarten Tieren beobachtet werden.

Während der Brutzeit kommt dieser Verhaltensweise eine weitere wichtige Funktion zu: Sie dient der Versorgung des brütenden Weibchens, das während des Brütens und in den ersten Lebenstagen der Jungtiere die Nisthöhle nur zum Absetzen des Kotes verläßt.

Fällt der Hahn während dieser Zeit – bedingt durch Verletzung, Tod o. ä. – als Ernährer aus, ist das Weibchen u. U. in der Lage, die Jungen allein aufzuziehen.

Diefenbach (1979) konnte bei Kakadus der Gattungen *Callocephalon, Eolophus* und *Cacatua* beobachten, daß eine gegenseitige Futterversorgung, bedingt durch wechselseitiges Brüten beider Geschlechter, nicht erfolgte und damit auch Partnerfüttern, sowohl während des Brütens als auch als Element der Balz, nicht vorkam.

Fortpflanzung

Im Freileben kann der einsetzende Bruttrieb dem Schwarmverhalten entgegenwirken. Zwei paarungsbereite Tiere sondern sich von der Gruppe ab und suchen ihre Nisthöhlen in den Wipfeln der Urwaldriesen auf, die sie oft viele Jahre hintereinander benutzen. Bevorzugt werden Nistgelegenheiten in großer Höhe mit möglichst kleinem Einschlupfloch.

Hellrote Aras
(A. macao) bei der sozialen Gefiederpflege

Gelbbrustaras *(A. ararauna)* beim Sozialspiel. Viele Papageienarten zeigen in Gefangenschaft ein ausgeprägtes Spielverhalten.

Viele Aras zeichnen sich durch eine große Spielbereitschaft aus. Dieser Hyazinthara *(A. hyacinthinus) im „Parrot Jungle" (Miami, Florida) hat offenbar Spaß daran, diesen kleinen Wagen zu bewegen.*

Erst nach dem Flüggewerden der Jungtiere, was oft drei bis vier Monate in Anspruch nehmen kann, verlassen sie dieses Brutrevier, um sich erneut einem Schwarm anzuschließen.

Gefangenschaftsbeobachtungen legen die Vermutung nahe, daß alle hochentwickelten Papageienarten lebenslang monogam leben, sofern nicht ein Tier vorzeitig stirbt oder aus verschiedenen Gründen zur Fortpflanzung nicht mehr fähig ist. Weniger hochentwickelte Formen, wie beispielsweise der Kakapo *(Strigops habroptilus)*, einzige Art aus der Gattung der Eulenpapageien *(Psittacidae, Strigopinae)* zeigen nur wenige soziale Verhaltenselemente. Die Hähne dieser Art leben während des ganzen Jahres als Einzelgänger in den unzugänglichen Bergregionen Neuseelands und gehen erst während der Brutzeit auf Partnersuche. Nach der Begattung übernimmt das Weibchen die Brutgeschäfte, derweil sich der Hahn wieder in die unwegsamen Gebiete seines Lebensraumes zurückzieht.

In der Gefangenschaft beginnen Aras nach erfolgter Eingewöhnung gegen Ende April mit der Balz, die – im Gegensatz zu vielen anderen Vogelarten – nicht durch besondere Balzelemente gekennzeichnet ist.

Die Häufigkeit des Partnerfütterns erreicht in der Präkopulativphase ihren Höhepunkt. Ebenso können Elemente der sozialen Gefiederpflege während dieser Zeit verstärkt beobachtet werden. Die Bereitschaft zur Verteidigung der Nisthöhle wächst; eventuelle Eindringlinge, sei es Mensch oder Tier, werden mit aufgestellten Nackenfedern und gespreiztem Schwanz wütend attackiert und wenn möglich aus dem Revier vertrieben.

Als Endglied der Balzbemühungen des Hahnes ist die Kopulation anzusehen.

Handaufgezogene Aras legen gegenüber ihrem Pfleger ein äußerst verspieltes Wesen an den Tag.
Bei diesem Vogel handelt es sich um einen Mischling Ararauna × Arakanga im Vogelpark „Parrot Jungle", Miami, Florida.

„Rollerfahrender" Gelbbrustara *(A. ararauna)* im Vogelpark „Parrot Jungle" in Miami, Florida.

Durch Ducken des Körpers und leichtes Spreizen der Flügel- und Schwanzfedern zeigen die Weibchen ihre Paarungsbereitschaft. In der Regel erfolgt das Einnehmen der Kopulationsstellung nach vorangegangener Werbung des Hahnes; bei festverpaarten Tieren können Teile des Balzverhaltens übergangen und Kopulationen direkt eingeleitet werden.

Der eigentliche Begattungsvorgang kann dem Verhalten, welches Dilger (1960) für die afrikanische Kleinpapageiengattung Agapornis beschreibt, ähnlich sein:

Der Hahn besteigt die Henne, verankert seine Krallen in den Flankenfedern des Weibchens, senkt seinen Schwanz und bringt durch rhythmische Bewegungen die beiden Kloaken aneinander.

Ebenso häufig vollziehen Aras die Begattung, indem sie sich nebeneinander auf einen Ast setzen, die Schwänze hochstellen und die Öffnungen der Kloaken, in denen Samen- und Eileiter münden, aneinanderdrücken.

Bevor es zu einer Befruchtung kommt, finden vermutlich mehrere Begattungsversuche statt, deren Häufigkeit bis zur Eiablage zunimmt.

Die Balzaktivitäten nehmen etwa zehn bis vierzehn Tage in Anspruch. Während dieser Zeit richten die Tiere die künftige Brutkammer her, die in der Gefangenschaft aus einem ausgehöhlten Baumstamm bestehen kann.

Die Eiablage erfolgt in Gefangenschaft in der zweiten Hälfte des Monats Mai. Das Gelege besteht in der Regel aus zwei, seltener aus drei oder vier Eiern, die – je nach Art – 24 bis 28 Tage lang vom Weibchen bebrütet werden.

Die frisch geschlüpften Jungen werden bereits nach wenigen Stunden zum ersten Mal von der Henne gefüttert. Nach einigen Tagen beteiligt sich auch der Hahn an der Versorgung der Brut.

Je nach Art dauert die gesamte Entwicklung junger Aras drei bis vier Monate. Weitere vier bis sechs Wochen vergehen, ehe sie ihre Selbständigkeit erreichen.

Anschaffung und Eingewöhnung

Hinweise vor der Anschaffung

Bevor man sich zur Anschaffung eines Aras entschließt, müssen verschiedene Dinge sorgfältig bedacht werden. Keineswegs sollte man sich durch das farbenprächtige Äußere oder andere Attribute eines solchen Tieres zu einem Spontankauf verleiten lassen, dessen Folgen man in den wenigsten Fällen absehen kann.

Zuerst gilt es zu überlegen, ob für das Tier ein geeigneter Platz zur Verfügung steht. Die großen Arten kann man nur schlecht in der Wohnung halten; für sie muß ein geeignetes Zimmer bzw. eine Gartenvoliere zur Verfügung stehen (siehe Kapitel: Unterbringung). Zwergaras dagegen lassen sich relativ gut in geräumigen Käfigen halten und sind somit für die Unterbringung in kleineren Wohnungen besser geeignet. Außerdem verbreiten sie in geringerem Maße den bezeichnenden streng-süßlichen Geruch, der den großen Arten – auch bei peinlicher Sauberhaltung – anhaftet.

Ein weiterer wichtiger Punkt ist die Frage der Versorgung des Tieres. Ein solcher Ara bedarf Tag für Tag der intensiven Betreuung durch seinen Pfleger. Er benötigt täglich frisches Wasser, Futter und Obst. Daneben müssen in regelmäßigen Abständen frische „Nageäste" beschafft werden, was sich besonders für Großstadtbewohner oft schwierig gestaltet. Auch die regelmäßige Säuberung eines großen Arakäfigs ist für Bewohner einer kleinen Etagenwohnung nicht immer problemlos zu bewerkstelligen. Darüber hinaus muß die Versorgung des Tieres im Krankheitsfall oder beim jährlichen Urlaub sichergestellt sein.

Eine Eigenschaft, die beinahe allen Aras mehr oder weniger anhaftet, sind die argen Lautäußerungen, die von ungeduldigen Nachbarn nicht immer geschätzt werden, oft sogar als unzumutbare Lärmbelästigung empfunden werden. Bei vorschnellen Urteilen über nachbarliche „Tierliebe" sollte man jedoch bedenken, daß große Araarten in der Tat Kreischkonzerte liefern können, die jede aufkommende Tierliebe im Keim ersticken.

Als Rechtsgrundlage gilt hier das Landes-Immissionsschutz-Gesetz (Gesetz zum Schutz vor Luftverunreinigung, Geräuschen und ähnlichen Umwelteinwirkungen) in der Fassung vom 18. 3. 1975:

§ 12 Halten von Tieren
Tiere sind so zu halten, daß niemand durch den von ihnen erzeugten Lärm mehr als nur geringfügig gestört wird.

Ordnungswidrig handelt, wer vorsätzlich oder fahrlässig entgegen § 12 Tiere nicht so hält, daß niemand durch den von ihnen erzeugten Lärm mehr als nur geringfügig gestört wird.

Es ist bedauerlich, daß Papageienfreunde bei der Ausübung ihrer Liebhaberei mit Gesetzesparagraphen konfrontiert werden müssen. Leider sind solche Warnungen in einer Welt, in der für Tiere in der Regel kein Platz ist, nicht von der Hand zu weisen.

Ein einzeln gehaltener Ara, der als zahmer Stubenvogel in einem Zimmerkäfig gehalten wird, verlangt eine besondere Zuwendung durch den Betreuer. Sobald das Tier nach der Anschaffung sein Mißtrauen gegenüber der neuen Situation abgelegt hat, wird er versuchen, sich eng an seinen neuen Pfleger anzuschließen. Er betrachtet ihn letztendlich – in Ermangelung eines Artgenossen – als Partner, der unter Umständen nur selten von seiner Seite weichen darf. Seelische Unausgeglichenheit, die sich möglicherweise durch Federrupfen oder neurotisches Schreien äußert, könnte die Folge einer vernachlässigten Tier-Mensch-Beziehung sein.

Ein letzter Rat soll nicht unerwähnt bleiben: Dem künftigen Ara-Halter sei ein geeignetes Fachbuch empfohlen, dessen Lektüre möglichst vor der Anschaffung erfolgen sollte, um einen gewissen Informationsstand zu erlangen. Mittlerweile sind verschiedene geeignete Monographien erschienen (siehe Literatur-Verzeichnis), die dazu beitragen helfen, grobe Haltungsfehler zu vermeiden.

Wer trotz dieser Ausführungen immer noch gewillt sein sollte, einen Ara zu erwerben, sieht sich beim Kauf einer weiteren Hürde gegenüber: Der Anschaffungspreis eines großen Aras der Gattung *Ara* (wie etwa ein Gelbbrust-, Grünflügel-, Soldaten- oder Hellroter Ara) erreicht oft die

Tausend-DM-Grenze, geht bei besonders zahmen und „sprechenden" Tieren oft darüber hinaus. Zwergaraarten (Rotrücken-, Rotbug-, Goldnacken- oder Hahns Zwergara) sind jedoch – abhängig von der Zahl der Importe – meistens zu einem günstigeren Preis zu erhalten.

Der Hyazinthara *(Anodorhynchus hyacinthinus)*, einziger im Handel befindlicher Vertreter der Blauaras, wird nur sporadisch eingeführt und erzielt dann in der Regel einen überaus hohen Anschaffungspreis.

Erwerb eines Vogels

Man sollte erst dann den Kauf in Angriff nehmen, wenn sämtliche Hinweise des letzten Kapitels überdacht worden sind, wenn man bereits ein geeignetes Fachbuch zur Hand genommen hat und ein Käfig beschafft und eingerichtet worden ist.

Wenn auch der Handel mit verschiedenen Tierarten in letzter Zeit stark eingeschränkt wurde, so sind doch Aras augenblicklich noch überall zu bekommen. In der Regel wird man die Suche nach einem geeigneten Tier in der nächstgelegenen Zoohandlung beginnen. Allerdings sind größere Auswahlmöglichkeiten hier gewöhnlich nicht gegeben.

Ein weiterer gangbarer Weg wäre das intensive Studium einschlägiger Fachzeitschriften, wo ständig Papageien im Anzeigenteil angeboten werden.

Oft sind auch Großhändler (Direktimporteure) bereit, Einzeltiere an Privatleute zu verkaufen. Hier findet der Käufer gewöhnlich eine große Auswahl von Tieren in mehreren Arten vor. Ein Preisvergleich mit weiteren Händlern muß jedoch empfohlen werden, denn oft bieten mehrere Importeure gleiche Arten zu unterschiedlich hohen Preisen an.

Bietet sich die Möglichkeit an, einen in Gefangenschaft gezüchteten Vogel erwerben zu können, sollte man nicht lange zögern, auch wenn der geforderte Kaufpreis ein wenig höher ist. Einem solchen Tier ist die übliche Quarantänezeit und der damit verbundene Streß erspart geblieben. Darüber hinaus ist sein Gefieder in gutem

Das Federrupfen ist bei den Aras ein weitverbreitetes Übel. Wenn auch die Ursachen bisher nicht restlos geklärt werden konnten, so scheinen doch neben anderen Faktoren vor allem Langeweile und stark eingeschränkte Bewegungsfreiheit, wie dies bei der Käfighaltung der Fall ist, das Entstehen dieser Unart zu begünstigen. Besonders bei der Haltung in geräumigen Freivolieren tritt diese Erscheinung (wie hier bei einem Gelbbrustara, *A. ararauna*) kaum auf.

Kopfstudie eines Hellroten Aras *(A. macao)*. Deutlich erkennbar ist die faltige Wangenhaut, die bei manchen Exemplaren mit winzigen roten Federchen besetzt ist.

▶

Zustand und er verträgt unser mitteleuropäisches Klima wesentlich besser als seine importierten Artgenossen.

Allerdings ist die Zahl der Liebhaber, die regelmäßig Aras nachzüchten, gemessen an der großen Anzahl der eingeführten Vögel, verschwindend gering. Man sollte demnach dem Angebot eines „Nachzuchtvogels" immer mit einem gesunden Maß an Skepsis begegnen und sich eventuelle Eigenschaften des Tieres schriftlich zusichern lassen.

Die eigentliche Auswahl eines gesunden Vogels bereitet auch dem Experten gelegentlich Schwierigkeiten. Es gibt jedoch verschiedene Anhaltspunkte, die das Risiko, ein erkranktes Tier zu erwerben, weitgehend reduzieren. Ohne der Mehrzahl der gewerblichen Vogelhändler Seriosität absprechen zu wollen, empfehle ich, sich an den nachfolgend aufgeführten Kriterien zu orientieren (mod. nach Ebert 1978):

Mögliche pathologische Veränderungen

1. im Verhalten
a) Apathie, Plustern, Verkriechen in einer Ecke am Boden des Käfigs oder der Voliere
b) Zwangsbewegungen
c) Würgen, Erbrechen, Kotabsatz unter heftigem Drükken und leisem Piepen
d) erhöhte Nervosität, Nesteln im Federkleid, Bepicken verschiedener Körperstellen
e) angestrengte Atmung bei geöffnetem Schnabel und einer Vibration des Körpers

2. in der Körperhaltung
a) gekrümmter Rücken, auffallendes Wippen oder Schlagen des Schwanzes, Gleichgewichtsstörungen
b) ein- oder beidseitige Lähmungen der Beine, Schwäche in den Beinen, die sich in Zusammenducken auf der Stange und leichtem Abgleiten der Zehen äußert, Zehenverkrümmung bis zur „Faustbildung" der Füße
c) ein- oder beidseitige Flügellähmung, Abstellen der Flügel vom Körper

3. Kotveränderungen
a) Konsistenz (breiig, wäßrig, hart)
b) Farbe (bei einem gesunden Vogel besteht der Kot aus einem olivgrünen und einem weißen Anteil)
c) fehlender Kotabsatz

Darüber hinaus signalisieren einige weitere Anzeichen eine mögliche Erkrankung:

a) unklare, trübe Augen, verbunden mit einer oder mehreren der zuvor genannten Erscheinungen
b) auffallend häufiges Einnehmen der Schlafstellung, wobei der Vogel den Kopf unter dem Flügel verbirgt, die Augen ganz oder teilweise schließt und auf beiden Beinen ruht (wiederum eventuell verbunden mit zuvor genannten Anzeichen)
c) verklebte Nasenlöcher, aus denen der Vogel schleimige Flüssigkeit absondert.

Zuletzt sollte man den Vogel auf Abmagerung, Krallen-, Zehen- und Schnabelfehler untersuchen. Kleinere Zehen- und Krallenfehler sind kein Grund zur Besorgnis und sollten nicht dazu verleiten, vom Kauf zurückzutreten. Auch Probleme bei einer eventuellen späteren Begattung ergeben sich dadurch nachweislich nicht.

Vögel mit Schnabelfehlern – auch kleineren Ausmaßes – sollte man in der Regel nicht erwerben, denn es ergeben sich dort häufiger nichtvorhersehbare Probleme bei der Nahrungsaufnahme.

Der Ernährungszustand eines Aras läßt sich auf zweierlei Art und Weise feststellen:

Zum einen kann der Vogel in die Hand genommen und durch Abtasten der Brust auf seinen Ernährungszustand hin untersucht werden. Tritt das Brustbein scharf hervor, ist dies ein deutliches Zeichen für Unterernährung. Dies muß jedoch nicht unbedingt bedrohliche Auswirkungen haben; befinden sich mehrere Vögel in einer Voliere, kann es durchaus vorkommen, daß einige Tiere in der Rangordnung anderen unterstehen und somit regelmäßig von den Futterplätzen abgedrängt werden. Kommen keine anderen Ursachen für diese Abmagerung in Frage (wie etwa Endoparasiten-Befall oder andere Krankheiten), wird ein solcher Papagei innerhalb weniger Wochen wieder einen guten Allgemeinzustand aufweisen.

Die beschriebene Art der Untersuchung läßt sich allerdings nur bei zahmen bzw. Zwergaras anwenden.

Bei den großen Arten, die sich nur unter Schwierigkeiten fangen und abtasten lassen, empfiehlt es sich, sich durch

Wiegen einen Überblick über den Ernährungszustand zu verschaffen. Dies läßt sich bewerkstelligen, indem man bei der Ankunft des Vogels diesen zusammen mit der Transportkiste wiegt und nach der Übersiedlung in Käfig oder Voliere noch einmal die leere Holzkiste wiegt. Die ermittelten Gewichte werden verglichen mit den bei Pinter (1979) angegebenen Durchschnittsgewichten für Aras:

Hyazintharas *(Anodorhynchus hyacinthinus)*	900–1400 g
Grünflügelaras *(Ara chloroptera)*	900–1400 g
Hellrote Aras *(Ara macao)*	800–1000 g
Gelbbrustaras *(Ara ararauna)*	800–1000 g
Große Soldatenaras *(Ara ambigua)*	800–1000 g
Kleine Soldatenaras *(Ara militaris)* und vergleichbare Arten	600– 700 g
Goldnackenaras *(Ara auricollis)* und vergleichbare Arten	220– 300 g

Allerdings geben diese Gewichte nur einen ungefähren Überblick. Die unteren Werte sind als untere Grenze des Normalbereiches anzusehen, der höhere Wert trifft in der Regel auf ausgewachsene, mehrjährige Männchen zu.

Besonderes Augenmerk sollte man weiterhin auf den Gefiederzustand des Vogels richten. Ein Papagei, der als Import-Vogel aus dem Groß- bzw. Einzelhandel erworben wurde, weist in der Regel ein angegriffenes, zerstoßenes Federkleid auf; oft sind die Flugfedern brutal gestutzt worden und die Schwanzfedern in engen Transportkisten abgebrochen. Diese Erscheinungen sind bei importierten Vögeln – bedingt durch Fang, Transport und Durchlaufen der gesetzlichen Quarantänestation – an der Tagesordnung und brauchen den Käufer nicht vom Erwerb eines solchen Tieres abzuhalten; nach dem jährlich sich wiederholenden Gefiederwechsel sind diese „Schönheitsfehler" zumeist behoben.

Wenn allerdings bei nachweislich mehrjährigen Tieren, die mehrere komplette Gefiederwechsel hinter sich haben, kahle Stellen – besonders im Brust-/Bauch- und Schulterbereich – sichtbar sind, lasse man bei einer eventuellen Kaufabsicht Vorsicht walten. Unter allen Großpapageien neigen Kakadus (besonders große Arten wie Molukken-, Weißhauben- und große Gelbhaubenkakadus) und alle Araarten in besonderem Maße zum Federrupfen, einer Unart, deren Zustandekommen bis heute nicht endgültig geklärt werden konnte. Das Spektrum dieser Erscheinung reicht vom gelegentlichen Auszupfen des Kleingefieders bis hin zum völligen Kahlrupfen an allen erreichbaren Stellen, ja sogar bis zur Selbstverstümmelung durch Anknabbern der Haut (vgl. Kronberger 1978). Als mögliche Ursache kommt eine Kombination der nachfolgenden Elemente in Frage:

a) mangelhafte Ernährung
b) unterdrücktes Bewegungsbedürfnis
c) „Langeweile", „Erlebnisarmut"
d) unbefriedigter Bruttrieb
e) Hauterkrankungen
f) ungünstige klimatische Bedingungen im Haltungsraum
g) psychische Störungen

Meines Erachtens kommt dem Punkt b) eine entscheidende Bedeutung zu. Wie sollte es sich sonst erklären, daß gerade die großen Arten einer Gattung, die erfahrungsgemäß in wesentlich zu kleinen Käfigen oder Volieren gehalten werden, in verstärktem Maße diese „Unart" angenommen haben?

Es empfiehlt sich, die Haltungsbedingungen von vornherein auf die Bedürfnisse des Tieres abzustimmen, um einem solchen Problem vorzubeugen. Hat der Papagei erst einmal mit dem Federrupfen begonnen, ist es schwierig – wenn nicht unmöglich –, ihm dies wieder abzugewöhnen.

Eingewöhnung

Hat man sich nach eingehender Begutachtung letztendlich für einen Vogel entschieden, tut man gut daran, diesen in einer Transportkiste entsprechender Größe unverzüglich an seinen künftigen Aufenthaltsort zu bringen. Ein solcher Behälter sollte bis auf eine abgeschrägte, drahtbespannte Luftklappe möglichst allseitig geschlossen sein (siehe Abbildung) und aus stabilem Material bestehen, welches den starken Schnäbeln der Aras für eine gewisse Zeit standzuhalten vermag.

Ein Transport in einem gewöhnlichen Papageienkäfig ist nicht zu empfehlen, um das Tier – beispielsweise bei einer längeren Autofahrt – durch die ständig wechselnden Eindrücke nicht zu beunruhigen und ein ängstliches Flattern zu vermeiden.

Bei der Ankunft wird der Vogel zuerst in einem vorbereiteten Käfig oder einer kleinen Zimmervoliere untergebracht, am besten getrennt von eventuell vorhandenen weiteren Tieren.

Hier wird der Neuankömmling während mehrerer Wochen eingehend beobachtet. Es empfiehlt sich, in dieser Zeit zweimal im Abstand von drei Wochen Kotproben des Tieres zu entnehmen. Diese werden – möglichst frisch und unverschmutzt – in einem luftdicht verschlossenen Glasröhrchen zur bakteriologischen und parasitologischen Untersuchung an ein tiermedizinisches Institut verschickt. Ergibt sich bei diesen Untersuchungen ein positiver Befund, muß der Vogel – bevor er in den Bestand überstellt wird – entsprechend behandelt werden. Nach Abschluß der Therapie ist eine nochmalige Kotuntersuchung notwendig. Während dieser Zeit der isolierten Haltung hat der Pfleger gleichzeitig Gelegenheit, sich mit den Besonderheiten des Neuerwerbs vertraut zu machen.

Bei der Fütterung eines aus einer Großhandlung erworbenen Vogels entstehen gewöhnlich keine Schwierigkeiten, zumal alle legal eingeführten Papageien eine vom Gesetzgeber vorgeschriebene Quarantänezeit von 45 Tagen absolviert haben, in der sie vom Direktimporteur in der Regel langsam an handelsübliches Papageienfutter gewöhnt worden sind. Etwaige Abweichungen (z. B. ausschließliche Aufnahme einer Samenart) sind mit „Fingerspitzengefühl" zu korrigieren.

Es sei weiter darauf hingewiesen, daß frischimportierte Papageien nach dem Überstellen in eine amtliche Quarantänestation bei recht hoher Raumtemperatur gehalten und erst im Laufe der vorgeschriebenen Quarantänezeit langsam an normale Raumtemperaturen gewöhnt werden. Solche Vögel benötigen auch nach dem Durchlaufen dieser Station noch geheizte Unterbringungsräume und können nicht bedenkenlos in eine Freivoliere übersiedelt werden. Sie sollen anfangs nur stundenweise bei warmem Wetter die Gelegenheit erhalten, den Freiflug aufzusuchen.

Wird der neuerworbene Papagei nach einer gewissen Zeit des Beobachtens in den bereits vorhandenen Bestand übersiedelt, ist er zu Anfang recht anfällig gegenüber den Problemen seiner neuen Umgebung, die durch die Volierenmitbewohner, die ungewohnten Platzverhältnisse, die Anordnung der Futtergefäße etc. entstehen können. Ihm ist daher bei der täglichen Inspektion des Bestandes besondere Aufmerksamkeit zu schenken, wobei ggf. die auftretenden Schwierigkeiten zu beseitigen sind.

Nach der Eingewöhnungsphase sind Großpapageien in der Regel robuste, widerstandsfähige Vögel, denen auch kühlere Temperaturen nicht schaden.

Dieser Anpassungsprozeß ist jedoch erst dann endgültig abgeschlossen, wenn die Tiere mit dem jährlichen Gefiederwechsel im Herbst beginnen, was oft viele Jahre in Anspruch nehmen kann. Zu diesem Zeitpunkt werden später die beim Brutgeschäft stark strapazierten Federn abgestoßen und erneuert, so daß vor Beginn des Winters wieder ein komplettes Gefieder vorhanden ist, dessen wärmespendende Funktion durch die neuen Federn in vollem Maße gewährleistet ist.

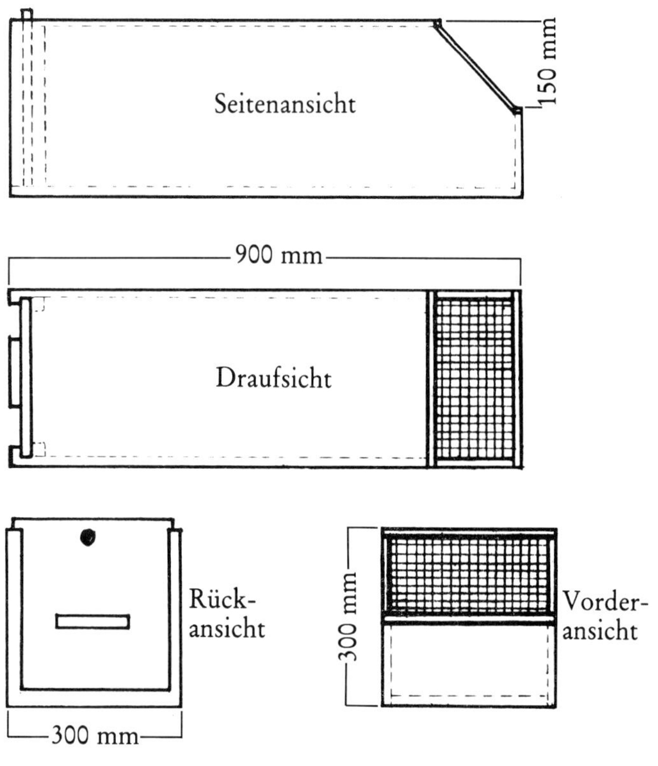

Transportkasten für große Araarten

Unterbringung

Bei der Unterbringung von Aras gibt es verschiedene Möglichkeiten.

Für die meisten Zwergaraarten läßt sich eine Haltung in geräumigen *Käfigen* vertreten. Allerdings ist die Mehrzahl der im Handel befindlichen Modelle wegen ihrer geringen Ausmaße für diesen Zweck ungeeignet. Ein empfehlenswerter Käfig muß eine Größe von 1,5 × 1,0 × 1,5 m (L × B × H) aufweisen, um ein solches Tier aufnehmen zu können. Solch ein Käfig wird im Handel unter der Bezeichnung Zimmervoliere angeboten. Man achte beim Kauf auf Zweckmäßigkeit. Daneben sollten auch hygienische Aspekte bedacht werden.

Die Ausstattung besteht aus mehreren Hartholzsitzstangen verschiedener Dicke sowie drei bis vier fest verankerten Futterschalen, die nach Möglichkeit im oberen Bereich des Käfigs angebracht sein sollen. Besonders bewährt haben sich hier glasierte Blumentopfuntersetzer aus Ton, die in allen Größen erhältlich sind und sich problemlos säubern lassen.

Zweckmäßig sind Bodenschubladen, die eine gründliche Reinigung des Käfigbodens gewährleisten. Als Bodenbelag eignet sich gewöhnlicher Flußsand, der in jedem Baufachgeschäft erhältlich ist, oder der wesentlich teurere Spezialvogelsand. Dieser wird durch starke Erhitzung keimfrei gemacht; eine Anreicherung mit Anis sorgt für eine geruchsarme Vogelhaltung.

Für größere Aras sind Käfige weniger zu empfehlen. Sie benötigen einen Flugraum von mehreren Metern und können somit nur in geräumigen *Vogelstuben* oder *Freivolieren* untergebracht werden.

Vogelstuben haben Freivolieren gegenüber zwei Vorteile: Zum ersten bleiben die Nachbarn von den oft argen Schreien dieser großen Vögel weitgehend verschont. Insbesondere am frühen Morgen – in einer der Hauptaktivitätszeiten der Papageien – können die Fenster geschlossen gehalten werden, um wenigstens größere Lärmbelästigungen zu vermeiden.

Das einzige Wort für diese Art von Papageienhaltung heißt „Tierquälerei". Wen wundert es bei einer derartigen Einschränkung des Bewegungsbedürfnisses, daß manche Aras zu neurotischen Rupfern und Schreiern werden?

Ein zweiter Vorteil ergibt sich durch die zumeist problemlose Beheizung dieser Vogelstube, die wohl in den meisten Fällen innerhalb eines zentralbeheizten Wohnhauses eingerichtet wird.

Grundsätzlich eignet sich jedes Zimmer bzw. ein Kellerraum, sofern Licht und Luft genügend Zutritt haben. Bezüglich der Größe sollte eine Grundfläche von 2 × 4 m

Gelbbrust- *(A. ararauna)* und Hellrote Aras *(A. macao)* im Nationalpark Everglades in Florida, USA.

Nur für Zwergaras ist die Unterbringung in großen Käfigen oder Zimmervolieren auf Dauer zu vertreten. Große Araarten benötigen in der Regel geräumige Volieren. Foto: Mosig-Käfigbau

für ein Paar der großen Arten als Minimum angesehen werden.

Wände und Decke werden gegebenenfalls von Tapeten oder anderen Verkleidungen befreit und mit einem weißen, ungiftigen Anstrich versehen. Die Fenster werden von innen vergittert, um bei einem eventuellen Glasbruch das Entweichen der Tiere zu verhindern. Außerdem lassen sich so Aufpralle und Verletzungen der Tiere, die Glas nicht als solches erkennen können, unterbinden.

Die Einrichtung einer Vogelstube kann recht spartanisch sein. Neben mehreren Futtergefäßen und einer großen, standfesten Badewasserschale genügen einige verzweigte Äste verschiedener Stärke, die das große Nagebedürfnis der Papageien befriedigen. Die eigentlichen Sitzstangen sollen aus Hartholz bestehen und möglichst weit voneinander entfernt angebracht werden, um die Tiere zu kleinen Flügen zu veranlassen. Sitzstangen aus Eisenrohren, die wegen ihrer dauernden Haltbarkeit immer wieder bei Privatleuten oder auch in zoologischen Gärten verwendet werden, sind vollkommen ungeeignet.

Eine ideale Umgebung für alle Araarten sind – sofern gewisse Regeln beachtet werden – geräumige *Freivolieren.* Eine Grundvoraussetzung für die erfolgreiche Haltung ist allerdings das Vorhandensein eines heizbaren Schutzhauses. Beim Bau von Ara-Gehegen darf keinerlei Holz verwendet werden, da alle Arten starke Nager sind. Ideal wäre die Erstellung eines gemauerten Schutzhauses auf einem winterfesten, eisenbewehrten Betonfundament. Zur Senkung der Heizkosten ist eine Isolierung der Decke und der Außenwände dringend anzuraten. Als Material hat sich neben der altbewährten Glas- und Steinwolle in erster Linie Styropor®, welches in mehreren Stärken erhältlich ist, durchgesetzt. Als Außenverkleidung können kunststoffbeschichtete Bleche oder Eternitplatten Verwendung finden. Die Größe des Innenraumes sollte 2 × 2 m nicht unterschreiten.

Er muß mit Licht, fließendem Wasser und einer Wärmequelle ausgestattet sein. Die Beheizung einer solchen Voliere kann auf verschiedene Arten erfolgen. Die einfachste und bei guter Isolierung kostensparendste Möglichkeit ist der Anschluß an die Zentralheizung des Wohnhauses. In anderen Fällen leisten elektrische Heizkörper gute Dienste.

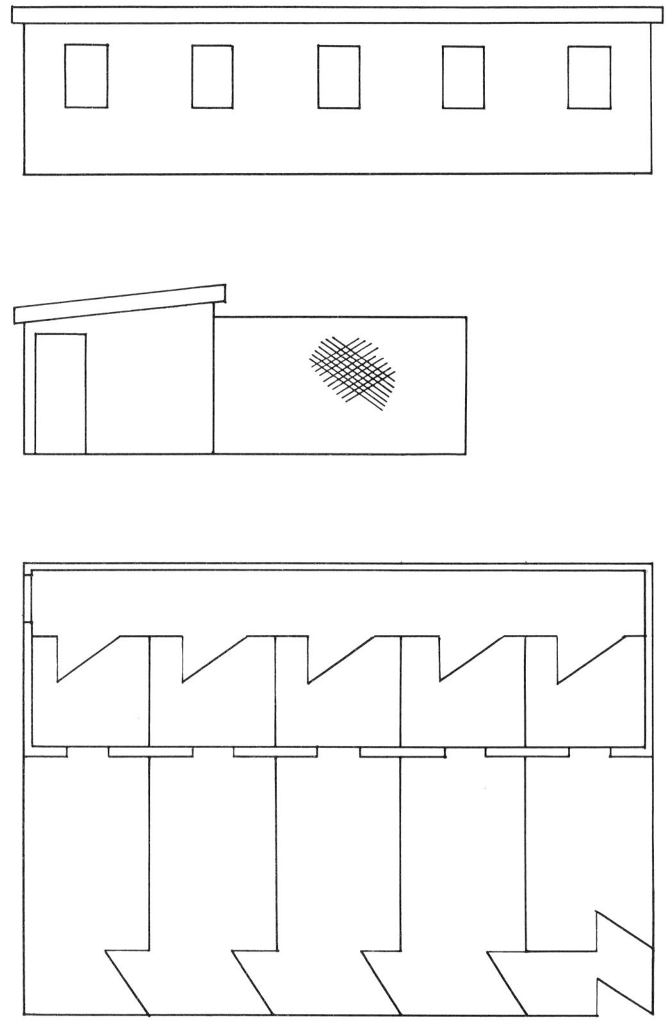

Volierenanlage für Großpapageien

Für die Erstellung des Außenfluges, der sich direkt an das Schutzhaus anschließt und durch eine 30 × 30 cm große Klappe mit diesem verbunden ist, eignen sich verzinkte Rohre oder auch sogenannte Vierkantrohre mit einer Kantenlänge von 40 bis 50 mm, die in der Regel an Ort und Stelle zu einem Volierengerippe zusammengeschweißt werden. Eine andere Möglichkeit stellt die von Delphy (1975) empfohlene Rahmenbauweise dar. Er regt an,

Volieren aus Einzelrahmen der Größe 2 × 1 m (H × B) herzustellen, die jederzeit ausgetauscht werden können. Auch ein Abbauen der Gesamtanlage oder eine Grundrißveränderung ist dann mit geringem Aufwand ständig möglich. Die Materialkosten sind jedoch – aufgrund des größeren Eisenrohrbedarfs – wesentlich höher.

Eine kleine Schwierigkeit ergibt sich bei der Drahtauswahl; denn zur Zeit befindet sich keine Geflechtsorte im Handel, die einerseits den starken Schnäbeln der Aras widersteht und deren Entweichen verhindert und gleichzeitig auf der anderen Seite Ungeziefer aus den Volieren fernhält.

Als Möglichkeit, diesem Problem zu begegnen, bietet sich die – allerdings kostenintensivere – doppelte Drahtbespannung an. Für die Innenbespannung einer Voliere für Zwergaras verwendet man ein verzinktes Vierecksgeflecht mit einer Geflechtgröße von 25 × 25 mm und einer Drahtstärke von 1,75 mm. Für große Araarten eignet sich sogenanntes Wellgitter (in verschiedenen Ausführungen und Abmessungen) oder verzinktes Baumattengitter (Maschenweite 50 × 50 mm, Drahtstärke 4 mm). Die Außenbespannung besteht ebenfalls aus Vierecksgeflecht mit der Maschenweite 12,7 × 12,7 mm (Drahtstärke 1,05 mm) und hält alle Arten von Ungeziefer, selbst halbwüchsige Mäuse, aus der Voliere fern.

Das Dach des Flugraumes wird zu einem Drittel mit durchsichtigem Kunststoffmaterial bedeckt und bietet den Tieren Schutz vor Regen. Der Boden der Freivoliere muß entweder mit fugenlos verlegten Zementplatten oder mit einer soliden Betonschicht versehen werden, die mühelos zu reinigen ist.

Die vielfach empfohlene Haltung von Vögeln auf Naturboden bringt meines Erachtens Schwierigkeiten mit sich. Neben der oft aufgezeigten Gefahr, Schädlingen – vornehmlich Ratten – den Zutritt zu der Voliere zu erleich-

Ara-Freianlage im Vogelpark Walsrode. Mit beschnittenen Schwungfedern werden die Tiere während der warmen Jahreszeit im Freien gehalten.

tern, ergeben sich beinahe unlösbare Probleme bei der Reinigung und Desinfektion des Geheges. Das jährliche Ausheben des Naturbodens um 20 bis 30 cm sowie die anschließende Erneuerung des Erdreiches wird sicherlich keinen Vogelhalter reizen und bietet auch keine letztendliche Sicherheit für die Vernichtung der im Erdreich befindlichen Parasiten. Gewalt (1969) empfiehlt zu diesem Zweck die Verwendung einer Lötlampe, mit der alle Erreger im Boden abgetötet werden können.

Die Einrichtung des Volieren-Komplexes ähnelt der der Vogelstube. Futtertisch und eventuelle Nistgelegenheiten sind im Innenraum unterzubringen.

Bei einer durchschnittlichen Volierenbreite von 2 m sollte die Länge – je nach Araart – zwischen 2 und 6 m variieren. Bei mehreren nebeneinanderliegenden Volieren ist es zweckmäßig, die einzelnen Abteile durch undurchsichtige Zwischenwände voneinander zu trennen. Ebenso empfiehlt sich in diesem Fall die Anlage eines Futterganges im Innenhaus. Einen detaillierten Grundriß einer geeigneten Volieren-Anlage zeigt die Abbildung.

Häufig werden Aras, vor allem die großen Arten der Gattung *Ara* sowie der Hyazinthara, mit einseitig beschnittenen Schwungfedern auf großen *Kletterbäumen* gehalten, die sie in der Regel kaum verlassen. Oft erfolgt so die langsame Gewöhnung an den *Freiflug,* der mittlerweile von einigen Liebhabern und zoologischen Gärten praktiziert wird und meines Erachtens – mit gewissen Einschränkungen – ideale Haltungsbedingungen bietet. Allerdings können derartige Experimente nur in ländlichen Gegenden erfolgreich durchgeführt werden, wo die mannigfaltigen Auswirkungen der „Zivilisation" den Tieren keinen Schaden zufügen können.

Dubbert (pers. Mitt.), der ehemalige Leiter des Vogelparks Metelen, verfuhr bei den dortigen Freiflugexperimenten folgendermaßen: Die Tiere gingen zuerst innerhalb einer größeren Aragruppe auf Partnersuche. Erst nach erfolgreicher Anpaarung wurde zuerst eines der beiden Tiere in den Freiflug entlassen, während der Partner mit beschnittenen Flügeln den Kletterbaum nicht verlassen konnte. Im darauffolgenden Jahr wurde in umgekehrter Weise verfahren, so daß dem bis dahin freifliegenden Vogel vorübergehend die Flugfähigkeit genommen wurde, während das andere Tier, dem die Schwingen wieder nachgewachsen waren, in die Freiheit entlassen wurde. Erst im dritten Jahr wurden die Tiere gemeinsam freifliegend in den Park entlassen. Wenn es auch zu gelegentlichen Abirrungen kam, blieb die Mehrzahl der Papageien in unmittelbarer Nähe der großen, mit Kletterbäumen versehenen Ara-Wiese.

Die großen Arten der Gattung *Ara* – vornehmlich den Gelbbrustara – beschreibt Bedford (1954) als äußerst standorttreu und somit besonders für den Freiflug geeignet. Die Gewöhnung von Hyazintharas an das freie Fliegen gestaltet sich schwieriger und kann nicht empfohlen werden.

Die Haltung von Aras auf sogenannten *Kletterbügeln,* bei welcher die Tiere entweder mittels einer Eisenkette am Entweichen gehindert werden oder ihnen durch Amputation eines Flügelteils, wie es Gewalt (1969) am Beispiel eines großen Brachvogels darlegt, die Flugfähigkeit genommen wird, ist vielfach zu beobachten. Eine derartige Haltung kann jedoch nicht als annähernd artgerecht angesehen werden und sollte prinzipiell nicht befürwortet werden.

Zum Schluß sei noch auf ein Problem eingegangen, das Arndt (1981) erwähnt. Er geht davon aus, daß den äußerst intelligenten Papageien, bedingt durch die sterile Umgebung der herkömmlichen Volieren, zu wenig Sinnesreize geboten werden. Diesem Gedanken muß hier beigepflichtet werden. Eine Ausstattung der Voliere mit verzweigten Kletterästen, Schaukeln, Ketten, Seilen etc. vermag die Tiere ständig zu beschäftigen und beugt dem gefürchteten Rupfen und anderen Hospitalismus-Erscheinungen vor.

Werden Aras zu Zuchtzwecken gepflegt, ist eine paarweise Haltung während der Brutzeit unerläßlich. Es empfiehlt sich, für jedes Paar eine Einzelvoliere zur Verfügung zu stellen, um eventuell aufkommende Brutabsichten nicht durch andere Volierenmitbewohner beeinträchtigen zu lassen.

Eine Gemeinschaftshaltung ist nur bedingt möglich und kann grundsätzlich nur Schaueffekt haben. Eine Voliere, in der mehrere Aras untergebracht werden sollen, muß überaus groß dimensioniert sein, um den Tieren einerseits Gelegenheit zu geben, einen Individualraum zu besetzen und zu verteidigen, und andererseits, um Ausweichmöglichkeiten für unterlegene Mitbewohner zu schaffen.

Ernährung

Neben einer geeigneten Unterbringung ist besonders eine ausgewogene, abwechslungsreiche Ernährung für die Gesunderhaltung gefangen gehaltener Tiere von besonderer Bedeutung.

Bedenkt man, welch umfassendes Nahrungsangebot wildlebenden Aras in ihrer tropischen Heimat zur Verfügung steht, so kann die in Gefangenschaft dargebotene Futterauswahl nur Ersatzcharakter haben.

Dennoch hat der gewissenhafte Vogelpfleger eine ganze Reihe von Möglichkeiten, den Speiseplan seiner gefiederten Pfleglinge abwechslungsreich zu gestalten. Die Langlebigkeit vieler Großpapageien in Gefangenschaft, die oft ein Menschenalter erreichen, beweist, daß ernährungsphysiologische Probleme bei der Papageienhaltung durchaus lösbar sind.

Ebenso wie andere Tiere benötigen auch Papageien als Grundnahrungsstoffe Fett, Kohlenhydrate und Eiweiß. Daneben brauchen sie Vitamine, Mineralstoffe, Spurenelemente und Ballaststoffe. Alle diese Bestandteile sind in einem richtig zusammengestellten Futter in ausreichenden Mengen vorhanden; der Anteil der einzelnen Grundnahrungsstoffe am gesamten Futterverbrauch kann jedoch von Vogel zu Vogel sehr unterschiedlich sein. So kann es in Ausnahmefällen dazu kommen, daß ein Tier täglich große Mengen eines bestimmten Futters zu sich nimmt, wegen des geringen Nährwertes jedoch dabei abmagert und im Extremfall verhungert. Da der Geschmackssinn eines papageienartigen Vogels gut ausgeprägt ist, frißt er zuerst das, was ihm am besten schmeckt. Qualitativ hochwertigeres Futter rührt er, sofern ihm dies schlechter schmeckt, oft nicht einmal an.

Grundfutter

Genaue Kenntnisse über die Ernährung wildlebender Aras liegen bisher leider nicht vor. Man weiß zumindest, daß sie keine ausgesprochenen Futterspezialisten sind. Sie leben vornehmlich vegetarisch und ernähren sich von Früchten, Beeren, Nüssen, Knospen und anderen Nahrungsmitteln. Insbesondere beobachtete man sie beim Verzehr von Palmen- und Feigenfrüchten. In den Kröpfen sezierter Tiere fand man weiterhin Überreste von Insekten verschiedener Arten.

Ein großer Teil des in der Gefangenschaftshaltung verwendeten Futters besteht aus Sämereien. Die Zusammensetzung einer geeigneten Mischung richtet sich nach den Inhaltsstoffen der einzelnen Bestandteile. Von Ausnahmen abgesehen lassen sich die in Frage kommenden Sämereien in mehlreiche und ölhaltige Sorten unterteilen.

Mehlreiche Sorten sind Hafer, Weizen, Kardi, Mais und Reis. Ihr Fettgehalt beträgt zwischen 2 und 5 %, der Anteil der Kohlenhydrate liegt bei 55 bis 65 %, der des Roheiweißes bei 10 bis 12 %.

Zu den ölhaltigen Sämereien gehören Sonnenblumenkerne, Nüsse, Hanf und Bucheckern (Fettgehalt 20 bis 50 %, Gehalt an Kohlenhydraten 6 bis 21 %, Eiweißgehalt 10 bis 20 %).

Unter den zuletzt genannten Futtersorten haben Sonnenblumenkerne für die Ernährung von Papageien die größte Bedeutung. Wegen ihres geringen Rohfaseranteils werden sie von den Vögeln gut verdaut. Vorteilhaft ist weiterhin der Gehalt an Rohfett, Roheiweiß und Mineralstoffen.

Im folgenden sei die von Pinter (1979) empfohlene Körnermischung für Großpapageien wiedergegeben, die sich in der Praxis bewährt hat:

Sonnenblumenkerne	70 %
Hafer Rohreis Mais Erdnüsse Kürbiskerne	zusammen 30 %

Darüber hinaus kann diese Mischung durch Weizen, Kardisaat, Hanf, Bucheckern, Hasel- und Zirbelnüsse abwechslungsreich gestaltet werden, wobei jedoch der prozentuale Anteil der Sonnenblumenkerne unverändert bleiben soll. Für Zwergaraarten eignen sich außerdem noch Kleinsämereien wie Glanz und Hirse.

Beim Futterkauf muß besonderer Wert auf die Beschaffenheit der Sämereien gelegt werden. Man achte auf ausgereifte, gut getrocknete Samen, deren Oberfläche glatt und staubfrei ist.

Alle Ölfrüchte sind auch bei sachgemäßer Lagerung nur begrenzt haltbar und werden früher oder später ranzig. Verdorbene Sämereien können für die Vögel gefährlich werden und schwere Verdauungsstörungen hervorrufen. Aus diesem Grund sollte immer nur eine begrenzte Futtermenge gelagert werden.

Keimfutter, Obst und Grünfutter

Man weiß, daß Papageien in der Natur nicht nur trockene, ausgereifte Körner zu sich nehmen, sondern auch Sämereien in verschiedenen Reifestadien oder gar in angekeimtem Zustand. Dieser Umstand läßt sich auch bei der Gefangenschaftshaltung berücksichtigen, zumal alle halbreifen Körnersorten wegen ihres Vitamin-, Mineralstoff- und Eiweißgehaltes besonders wertvoll sind.

Allen voran ist hier der Mais zu nennen, der – besonders in halbreifem Zustand – von den meisten Papageien sehr geschätzt wird. Leider stehen frische Maiskolben nur im Spätsommer zur Verfügung; wer jedoch über eine Gefriertruhe verfügt, kann sich für den Winter entsprechende Mengen einfrieren. Zweckmäßig beginnt man zunächst mit der Verfütterung von kleinen Mengen, da ein derartiger plötzlicher Futterzusatz zu Verdauungsschwierigkeiten führen kann.

Daneben bieten sich Kulturpflanzen wie Hafer, Weizen, Hirse, aber auch wildwachsende Pflanzen an, deren Samen in halbreifem Zustand verwendet werden können.

Ein weiteres wichtiges Futter, das besonders im Winter oder während der Zuchtzeit sehr wertvoll sein kann, sind gekeimte Sämereien. Geeignet sind vor allem Hafer, Weizen und Sonnenblumenkerne. Die erforderliche Menge wird in ein Gefäß mit Wasser gegeben und 24 Stunden zum Vorkeimen darin belassen. Danach spült man die Saat unter fließendem Wasser gründlich durch und verteilt sie auf drahtbespannte Rahmen. Nach weiteren 24 bis 36 Stunden – je nach Wärmeeinwirkung – sind die Keime durchgebrochen und können nach erneutem Durchspülen verfüttert werden.

Auch die Zufütterung von Obst und Grünfutter ist für eine abwechslungsreiche Ernährung bedeutungsvoll. Äpfel, Birnen, Möhren, Kirschen, Erdbeeren, Johannisbeeren, Himbeeren und Pflaumen sind ebenso geeignet wie die exotischen Früchte Bananen, Orangen, Ananas, Kiwi u. a.

Als Grünfutter steht eine reichhaltige Palette geeigneter Pflanzen zur Verfügung. Einen sehr hohen Gehalt an Vitaminen und Mineralstoffen weist die Petersilie auf. Weiterhin stehen Endiviensalat, Spinat, gewöhnlicher Kopfsalat, Mangold, Rapunzel und vieles andere mehr zur Verfügung.

Auch gewisse wildwachsende Unkräuter wie Löwenzahn *(Taraxacum vulgare)*, Hirtentäschel *(Capsella burs-pastoris)*, Wegerich *(Plantago)* und besonders Vogelmiere *(Stellaria media)* sind empfehlenswert.

Tierisches Futter

Neben pflanzlichen Futterprodukten nehmen Papageien in Freiheit in geringem Maße auch tierisches Futter zu sich. Man kann diesem Umstand bei der Futterzusammenstellung Rechnung tragen. Empfehlenswert sind getrocknete Ameiseneier oder getrocknete Garnelen, die auch bei der Hühnerfütterung Verwendung finden. Die letzteren sind im Handel stets zu einem günstigen Preis zu bekommen und können mit dem zuvor beschriebenen Körnerfutter vermischt werden.

Weiterhin geeignet sind Mehlwürmer, die von manchen größeren Papageien gern genommen werden; sie sollen jedoch nicht in Mengen angeboten werden.

Daneben wird ein gekochtes Ei, rohes oder gekochtes Fleisch u. a. von vielen Psittaciden als Eiweißquelle geschätzt und kann gelegentlich in kleinen Mengen angeboten werden.

Zusatzfutter während der Brutzeit

Besonders zur Zuchtzeit empfiehlt es sich, den Papageien zuzüglich ein Weichfuttergemisch zu reichen.

Abb. Vorseite: Hellroter Ara *(A. macao)* in der Papageien-Freianlage des Vogelparks Walsrode. In seiner Papageiensammlung pflegt der Vogelpark 15 der insgesamt 17 rezenten Araarten.

Der Handel bietet verschiedene Mischungen an, die unter dem Namen Aufzuchtfutter, Eifutter oder Weichfresserfutter erhältlich sind. In der Regel handelt es sich dabei um ein eiweißreiches, mit getrockneten Insekten, Ameisenpuppen, Vitaminen und Mineralstoffen angereichertes Trockenfutter, welches in trockenem oder angefeuchtetem Zustand verfüttert wird. Mittlerweile gibt es auch Weichfuttersorten, die durch Fettzusätze bereits eine feuchtkrümelige Konsistenz aufweisen.

Kronberger (1978) rät zur Verfütterung von fettarmem, trockenem Quark, vermischt mit einem käuflichen Eifutter.

Ein geeignetes Weichfutter läßt sich auch selbst herstellen, indem man ein hartgekochtes Ei zerreibt und mit Zwieback, Futterkalk und Vitaminen mischt.

Die angebotene Menge darf nie größer sein, als innerhalb weniger Stunden verzehrt wird, denn verdorbenes Weichfutter kann toxische Wirkung haben und ist speziell für Jungtiere besonders gefährlich.

Ein Verabreichen in flachen, möglichst runden Gefäßen, die ein problemloses Säubern ermöglichen, ist anzuraten.

Mineralstoffe und Vitamine

Der Bedarf an Mineralstoffen läßt sich durch Zufütterung von Futterkalk decken. Dieser enthält Spurenelemente wie Phosphor, Magnesium, Jod, Eisen, Kupfer, Mangan, Kobalt u. a.

Er sollte während des ganzen Jahres zur Verfügung stehen und in einem gesonderten Gefäß verabreicht werden. Daneben eignen sich abgekochte, zerstoßene Eierschalen oder eine Sepia-Schale, der Rückenschulp des Tintenfisches.

Der als Käfigbodenbelag verwendete Flußsand sowie Grit ermöglichen dem Vogel die Aufnahme kleiner Steinchen, die er zum Zerreiben der Nahrung im Muskelmagen dringend benötigt.

Bei der regelmäßigen Verabreichung des zuvor beschriebenen Grund- und Zusatzfutters wird es kaum zu Vitaminmangelerscheinungen kommen.

Dennoch empfiehlt es sich – vor allem während des jährlichen Gefiederwechsels –, zusätzlich ein Multivitaminprä-

Nährstoffe in 100 g eßb. Anteil	Hauptbestandteile			Mineralstoffe					Vitamine			
	Eiweiß g	Fett g	Kohlenhydrate g	Natrium mg	Kalium mg	Kalzium mg	Phosphor mg	Eisen mg	A IE	B_1 µg	B_2 µg	C mg
Kopfsalat	1,2	0,2	1,7	8	220	20	35	0,6	1500	60	90	10
Endivien	1,7	0,2	2,0	50	350	50	50	1,4	900	52	120	9
Spinat	2,4	0,4	2,4	60	660	110	48	3,0	8200	86	240	47
Mangold	2,1	0,3	2,9	90	380	100	40	2,7	5900	100	160	40
Rapunzel	1,8	0,4	2,6	4	420	30	50	2,0	7000	65	80	30
Petersilie	4,4	0,4	9,8	30	1000	240	130	8,0	12080	140	300	170
Möhren	1,0	0,2	7,3	45	280	35	30	0,7	13500	70	55	6
Rote Beete	1,5	0,1	7,6	86	340	30	45	0,9	180	22	40	10
Radieschen	1,0	0,1	3,5	17	255	34	26	1,5	38	33	30	30

parat zu verabreichen. Im Handel sind zahlreiche Mittel erhältlich, die man den Tieren über das Weichfutter bzw. über das Trinkwasser zuführen kann. Vorsicht ist bei der Verabreichung von Vitamin D geboten, da Überdosierungen u. U. tödliche Folgen haben können.

Da viele Vitamine bei längerer Lagerung ihre Wirksamkeit verlieren, ist unbedingt auf das Herstellungsdatum zu achten.

Vitaminmangelerscheinungen (sogenannte Avitaminosen) sind häufige Erkrankungen bei Käfigvögeln, die – unbehandelt – nicht selten zum Tod führen.

Im folgenden Abschnitt sind die Symptome dieser Erkrankungen dargestellt. Die Aufstellung ist entnommen aus der Arbeit von Pinter (1979):

Vitamin-A-Mangel
Angegriffene Schleimhäute, tränende Augen, weißliche Beläge der Augenhornhaut, Unfruchtbarkeit, schlechtes Wachstum der Jungtiere;

Vitamin-B-Mangel
Störungen des Nervensystems (z. B. mangelndes Flugvermögen, unkoordinierte Körperbewegungen und Krämpfe);

Vitamin-C-Mangel
Besondere Empfindlichkeit der Schleimhäute, verminderte Resistenz gegenüber Krankheiten;

Vitamin-D-Mangel
Störungen bei der Skelettbildung der Jungvögel (Rachitis);

Vitamin-E-Mangel
Mangelnde Fruchtbarkeit, starker Mangel kann zu Muskelschwund bei Jungtieren führen;

Vitamin-K-Mangel
Verminderung des Gerinnungsvermögens des Blutes;

Vitamin-G-Mangel
Störungen in der Gefiederbildung.

Hellroter Ara *(A. macao)* im zoologischen Garten Colombo, Sri Lanka. Neben großräumiger Unterbringung scheint vor allem auch das tropische Klima der Insel Sri Lanka ausschlaggebend für die gute Kondition des Vogels zu sein.

Pflege

Reinigung von Käfig und Voliere

Die regelmäßige Säuberung der Unterbringungsräume ist eine wesentliche Voraussetzung für eine erfolgreiche Haltung von Tieren in Gefangenschaft.

Der Käfig eines einzeln gehaltenen Stubenvogels muß wenigstens einmal wöchentlich gründlich gereinigt werden. Während man das Käfigoberteil in der Dusche bzw. im Garten mit dem Schlauch abspritzen kann, wird die Schmutzauffangschale geleert, mit heißem Wasser gründlich ausgeschrubbt und anschließend desinfiziert. Erst nach dem Trocknen soll eine neue Lage Flußsand auf den Boden gestreut werden.

Als Sitzstangen dienen Baumäste entsprechender Dicke, die wöchentlich durch frische ersetzt werden.

Die Futter- und Wassernäpfe sind ebenfalls einer gründlichen Reinigung mit heißem Wasser zu unterziehen.

Nach dem völligen Trocknen aller Käfigteile kann der Vogel, der in der Zwischenzeit anderweitig untergebracht war (z. B. auf seinem Kletterbaum) seine Behausung wieder aufsuchen.

Volieren werden, je nach Verschmutzungsgrad, ein- bis zweimal in der Woche mit einem Laubbesen ausgeharkt und ggf. mit einer neuen Sandschicht versehen.

Gekachelte Innenvolieren können von Zeit zu Zeit mit dem Gartenschlauch ausgespritzt und desinfiziert werden.

Sofern der Boden der Außenvolieren nicht plattiert ist, muß das Erdreich einmal jährlich umgegraben bzw. gelegentlich erneuert werden.

Gefiederpflege

Neben der regelmäßigen Säuberung der Unterkunft muß auch der Vogel ein- bis mehrmals in der Woche abgeduscht werden. Bei Käfigvögeln geschieht dies, indem man sie mittels einer Blumenspritze besprüht. Neu erworbene Papageien schrecken in der ersten Zeit vor dieser Maßnahme zurück und flüchten laut kreischend in eine Käfigecke.

Wenn ein Vogel sich jedoch an den Vorgang gewöhnt hat, wird er die Dusche schätzen und durch Spreizen der Flügel und Schwanzfedern sein Wohlbefinden zum Ausdruck bringen. Er kann nun auch mitsamt dem Käfigoberteil oder aber auf einem Sitzast in die Badewanne oder Dusche gestellt werden und mit lauwarmem Wasser abgebraust werden.

Zweckmäßigerweise legt man den Zeitpunkt des Abduschens auf den Vormittag, damit das Tier bis zum Abend wieder trocken ist. Es soll dabei auf eine ausreichende Zimmertemperatur geachtet werden.

Volierenvögel werden sich – je nach Möglichkeit – gelegentlich einem warmen Sommerregen aussetzen; sie können darüber hinaus auch von Zeit zu Zeit mit einem Gartenschlauch besprüht werden.

Für größere Volierenanlagen empfiehlt sich die Installation einer Beregnungsanlage.

Kürzen von Krallen und Schnabelspitze

Bevor die für das Schneiden von Krallen und Schnabel geeigneten Praktiken beschrieben werden, soll kurz auf das für diese und andere (nachfolgend beschriebene) Maßnahmen notwendige Einfangen und Fixieren eines Aras eingegangen werden.

Sowohl bei Volierenvögeln als auch bei handzahmen Käfigtieren, die sich in der Regel ebenfalls nicht ergreifen lassen, ohne sich heftig zur Wehr zu setzen, benötigt man zum Einfangen einen dicken Lederhandschuh.

Man ergreift den Papagei blitzschnell von hinten am Nakken, indem Daumen und Zeigefinger den Kopf fixieren, während die übrigen Handpartien die Flügel fest umschließen, um ein Flattern zu verhindern. Nun läßt man den Vogel mit dem Schnabel auf einen Holzstab beißen und sorgt weiterhin dafür, daß auch seine Beine Halt finden.

Schnabeldeformationen bei Großpapageien sind meist auf gefangenschaftsbedingte Mangelerscheinungen zurückzuführen. Bei diesem „Schiefbeißer“ *(Ara chloroptera)* handelt es sich allerdings um einen Wildfang.

Erst jetzt kann mit der geplanten Maßnahme begonnen werden, die zweckmäßigerweise von einem Mitarbeiter durchgeführt wird, da besonders bei den großen Arten ein Mann buchstäblich alle Hände voll zu tun hat, um ein solch wehrhaftes Tier festzuhalten.

In Gefangenschaft kommt es – besonders bei Stubenvögeln – gelegentlich vor, daß sich die Krallen in nicht ausreichendem Maße abnutzen und somit den Vogel beim Umfassen der Sitzstange behindern. Darüber hinaus erhöht sich für ihn die Gefahr, mit den überlangen Krallen am Gitter hängenzubleiben und sich zu verletzen.

Durch eine entsprechende Einrichtung des Käfigs (z. B. Verwendung von rauhen Baumästen als Sitzstangen) kann der Vogelpfleger die natürliche Abnutzung unterstützen.

Verlängerte Krallen werden mit einer gewöhnlichen Nagelzange eingekürzt, wobei die Schnittstelle jedoch nicht im Bereich des Blutgefäßes, welches jede Kralle durchzieht, liegen darf. Während man bei verschiedenen kleinen Papageien die blutführenden Gefäße erkennen kann, indem man die Kralle gegen eine Lichtquelle hält, ist dies bei den Aras, die überwiegend dunkel gefärbte Krallen haben, in der Regel nicht möglich, und der Pfleger muß mit Fingerspitzengefühl und Augenmaß vorgehen.

Sollte es trotz aller Vorsicht zu einer Blutung kommen, muß diese mit einem entsprechenden Medikament (z. B. Arterenol von der Firma Hoechst) oder blutgerinnungsfördernder Watte (Eisenchloridwatte) gestillt werden.

Die Notwendigkeit, einen zu langen Oberschnabel einkürzen zu müssen, ist nur selten gegeben, sofern dem Tier durch Schaffen von Nagemöglichkeiten ausreichend Gelegenheit gegeben wird, seinen Schnabel abzunutzen.

Eine eventuell nötig werdende Korrektur kann ebenfalls mit einer Nagelzange durchgeführt werden, wobei wiederum auf die Lage der Blutgefäße zu achten ist. Die nach Abtragung des überflüssigen Hornes entstandenen Spitzen und Ränder müssen mit einer Nagelfeile geglättet werden.

Der Unterschnabel wird gewöhnlich nicht übermäßig lang, da der Vogel ihn an den Rillen des Oberschnabels abwetzen kann.

Schnabeldeformationen dagegen sind zumeist stoffwechselbedingt; als mögliche Ursache kommt Mangel an Vitaminen, Mineralstoffen und Proteinen in Betracht.

Neben der Korrektur des Schnabelhornes sollte daher stets auch die Fütterung überprüft werden.

Ein Papageienhalter, der sich die Durchführung der zuvor beschriebenen Techniken nicht zutraut, sollte einen erfahrenen Vogelpfleger oder einen Tierarzt hinzuziehen.

Flügelstutzen

Soll ein Ara frei in der Wohnung oder auf einem Kletterbaum im Garten gehalten werden, ist es unvermeidbar, ihm durch Beschneiden des Gefieders die volle Flugfähigkeit zu nehmen.

Allerdings sollte man die Notwendigkeit dieses Eingriffs vorher eingehend überdenken, denn es dauert oft mehr als ein Jahr, bis alle Federn vollständig nachgewachsen sind.

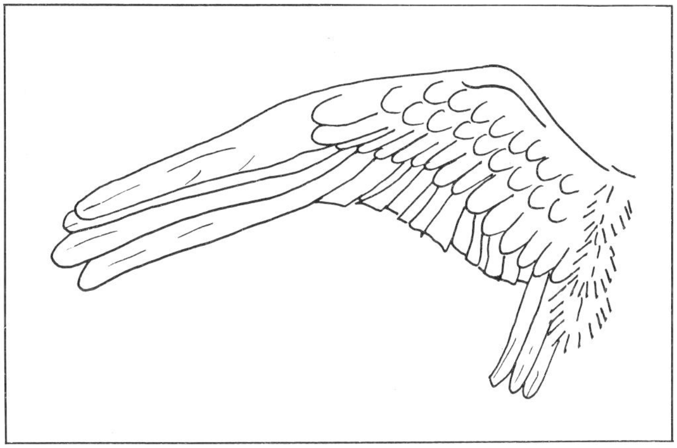

Es empfiehlt sich, beidseitig die Armschwingen sowie die inneren Handschwingen zu kürzen (vgl. Abb.). Auf diese Weise wird das Flugvermögen des Tieres zwar stark eingeschränkt, von der Beschneidung ist bei angelegten Flügeln jedoch nichts zu sehen. Die Federkiele der abgeschnittenen Federn fallen nach einiger Zeit aus und werden durch neue, funktionsgerechte Federn ersetzt, so daß ein- bis zweimal jährlich eine Schnittkorrektur vorgenommen werden muß.

Ein einseitiges Beschneiden ist nicht ratsam, denn der Ara fällt bei einem Flugversuch wie ein Stein zu Boden und überschlägt sich. Bei beidseitigem Schnitt ist er dagegen zu kurzen Gleitflügen fähig und kann sich unter Umständen – wenn auch mit Mühe – vor nicht vorhersehbaren Gefahren in Sicherheit bringen.

Das Durchtrennen der Flugmuskelsehne oder die Amputation eines Flügelteils kann m. E. nicht als diskussionswürdige Maßnahme angesehen werden.

Entfernen zu enger Ringe

Nach dem Verlassen einer amtlichen Quarantänestation trägt jeder Ara einen stabilen Metallring, der durch die eingestanzten Daten später jederzeit Aufschluß über die Herkunft des Tieres geben kann.

Ein solcher Ring kann, bedingt durch unsachgemäßes Anlegen oder falsche Größe, unter Umständen zu eng am Fuß anliegen und Entzündungen und Schwellungen hervorrufen. Im schlimmsten Fall staut sich das Blut oberhalb des Ringes und der darunter befindliche Teil des Fußes stirbt ab oder muß vom Tierarzt amputiert werden.

Bei Neuanschaffung eines Aras empfiehlt es sich daher, auf Ringgröße und -beschaffenheit zu achten und diesen ggf. zu entfernen. Er muß jedoch als Dokument aufbewahrt werden.

Zuerst ergreift man den Vogel in der zuvor beschriebenen Weise und fixiert mit Hilfe einer zweiten Person den beringten Fuß. Nun dreht man den Ring mit der offenen Seite zum Betrachter und hebelt die aneinanderstoßenden Ringenden mit einer gewöhnlichen Kneifzange wenige Millimeter auseinander (siehe Abb.).

Der entstandene Spalt genügt, um eine Sprengring- oder Seegering-Zange anzusetzen, die den Ring mühelos auseinanderdrückt. Die beschriebene Methode wurde von mir vielfach erprobt und schließt eine Verletzung des Vogels aus.

Die Verwendung von zwei Kombizangen, mit deren Hilfe ein solcher Ring unter Kraftanstrengung ebenfalls zu entfernen ist, kann schnell zu Hautabschürfungen oder gar zur Verletzung des Beinknochens führen.

Die von Bosch u. Wedde (1981) vorgeschlagene Verwendung von zwei festschraubbaren Feilkolben, die wie Zangen an den Ringenden angesetzt und festgeschraubt werden und damit ein Auseinanderziehen der Ringenden erleichtern sollen, halte ich für äußerst umständlich und darüber hinaus gefährlich für das Tier.

Handaufgezogene Aras legen ihrem Pfleger gegenüber ein äußerst verspieltes Wesen an den Tag (l. Gelbbrustara, *A. ararauna*, m. + r. Hellroter Ara, *A. macao*).

Zähmung und Nachahmung

Ist ein neuerworbener Ara nicht für künftige Zuchtversuche vorgesehen, sondern soll als Stubenvogel gehalten werden, wird er über kurz oder lang seinem Besitzer nur dann Freude bereiten, wenn er seine Scheu ablegt.

Wenn auch einige Tiere bereits in zahmem oder halbzahmem Zustand zu den Importeuren gelangen, legen doch die weitaus meisten Vögel ein ungestümes Wesen an den Tag, wenn sie in einen kleinen Zimmerkäfig gesetzt werden.

Dies gilt in besonderem Maße für die Kleinaraarten.

Bevor man den näheren Kontakt zu seinem neuerworbenen Hausgenossen sucht, sollte er erst einige Tage lang völlige Ruhe bekommen. In seiner näheren Umgebung sind hastige Bewegungen, laute Geräusche oder ähnliche ungewohnte Aktionen zu vermeiden. Bei der Fütterung soll der Pfleger mit beruhigenden Worten auf das Tier einreden.

Nach kurzer Zeit beginnt der Ara sich in seiner neuen Behausung sicher zu fühlen und flattert nicht mehr angstvoll im Käfig umher, sobald sich ein Hausbewohner nähert.

Nun ist es an der Zeit, das Tier langsam an die Hand des Pflegers zu gewöhnen, indem ihm immer wieder ein besonders begehrtes Nahrungsmittel (etwa eine Erdnuß, eine Weintraube o. ä.) durch das Gitter gereicht wird. Dabei wird die Geduld des Besitzers oft auf eine harte Probe gestellt.

Früher oder später kann der Ara der Versuchung nicht widerstehen und nimmt den angebotenen Leckerbissen aus der Hand entgegen.

Keinesfalls sollten derartige Versuche aus Angst vor Bißverletzungen mit Handschuhen durchgeführt werden, denn viele Papageien haben beim Transport nach Europa schlechte Erfahrungen mit behandschuhten Händen gemacht und flüchten laut kreischend in eine Käfigecke.

Weicht der Vogel nicht mehr zurück, wird man mit aller Behutsamkeit versuchen, ihn dazu zu bewegen, auf die Hand zu steigen. Man öffnet die Käfigtür und hält ihm ohne Hast den ausgestreckten Arm entgegen. Klettert er nicht von selbst hinauf, bewegt man die Hand langsam auf ihn zu und zwingt ihn dadurch, entweder wegzufliegen oder auf die Hand zu steigen. Sind die Schwungfedern des Vogels beschnitten, wird er es nach mehreren Fluchtversuchen, die in der Regel mit einem Aufprall auf dem Boden enden, vorziehen, auf die Hand zu klettern.

Erst wenn der Vogel nicht mehr vor der Hand zurückschreckt, kann man versuchen, ihn aus dem Käfig zu nehmen.

Der nächste Schritt ist das Berühren und später das Kraulen des Vogels, der es zunächst gar nicht liebt, angefaßt zu werden, und durch Schnabelhiebe seinen Unwillen kundtut.

Es hängt vom Alter und Zustand des Vogels und von der Geduld des Pflegers ab, wann der Vogel seinen Widerstand aufgibt und sich ganz seinem Betreuer anschließt. Oft geht die Zuneigung des Tieres so weit, daß er den Pfleger als „Partner" betrachtet und von ihm verschiedene Zuneigungsbeweise aus dem Umfeld des Sozialverhaltens (z. B. Kraulen verschiedener Körperpartien als Ersatz für soziale Gefiederpflege u. a.) „fordert". Wird der Halter diesem Anspruch nicht gerecht, verkümmert der Vogel und zeigt durch Schreien, Federrupfen oder anderes seinen Unmut.

Derartige (psychisch geschädigte) Papageien, die oft mehrfach hintereinander den Besitzer wechseln, sind das traurige Ergebnis der Zähmungsbemühungen und sollten nachdenklich stimmen bei dem Wunsch, einen „superzahmen" Vogel besitzen zu wollen.

Die Nachahmungsbegabung verschiedener Araarten ist beachtlich, wenn auch die Deutlichkeit des Wiedergegebenen hinter den „Leistungen" eines durchschnittlich begabten Graupapageien *(Psittacus erithacus)* zurückbleibt. Insbesondere bei Ararauna, Arakanga, Grünflügelara und Rotbugara sind Nachahmungsfähigkeiten in der Literatur belegt.

Risa Teitler ist Papageientrainerin im Vogelpark „Parrot Jungle" in den USA. Besonders gelehrig zeigen sich neben anderen Großaraarten vor allem Hyazintharas *(A. hyacinthinus)*.

Zahme Aras in einem Indianerdorf in der Nähe von Leticia/Brasilien.

Diese handaufgezogenen Arajungtiere, aufgenommen in der mexikanischen Ruinenstadt Palenque, werden von den Indios als Haustiere gehalten.

Handaufgezogene Aras sind beliebte „Spielobjekte" für die Indiokinder.

Nur Vögel, die jung in Menschenhand kommen, werden sich in der Regel zu guten „Sprechern" entwickeln. Am besten geeignet sind natürlich Tiere, die in Gefangenschaft gezüchtet wurden, so daß ihr wahres Alter bekannt ist. Das Geschlecht spielt bei großen Papageien nur eine untergeordnete Rolle, während bei Sittichen und Kleinpapageien die männlichen Tiere eindeutig begabter sind.

Die Technik des Sprachtrainings ist relativ einfach. Deutlich artikuliert werden dem Vogel mehrmals täglich die vorgesehenen Worte vorgesprochen, wobei in der Anfangsphase vornehmlich solche mit mehreren Vokalen gewählt werden sollten. Früher oder später wird das Tier eins dieser Worte wie aus heiterem Himmel von sich geben. Je nach Begabung erlernt es dann im Laufe einiger Monate eine ganze Reihe von Lauten und Worten, die es irgendwo aufgeschnappt hat, und gibt sie später zu allen passenden und unpassenden Gelegenheiten wieder. Das Repertoire reicht von der Nachahmung der verschiedensten Geräusche bis zur Wiedergabe menschlicher Worte und Sätze.

Man sollte dabei jedoch nicht vergessen, daß ein Papagei den Inhalt seiner „Worte" niemals erfassen kann, wenn er auch manchmal den Anschein erweckt. Allerdings unterscheiden sich Papageien von anderen Spöttern dadurch, daß sie eine bestimmte Handlung oder ein Geräusch mit einem bestimmten Wort in Verbindung bringen können und dieses somit scheinbar an passender Stelle von sich geben (vgl. Wennrich 1983).

Als Tageszeit für das Sprachtraining sind die Abendstunden zu empfehlen; offenbar ist die Konzentrationsfähigkeit eines Papageien dann am größten.

Krankheiten

Nach sorgfältiger Eingewöhnung sind Großpapageien in der Regel wenig empfänglich für Krankheiten.

Gute Haltungsbedingungen, verbunden mit einem gewissen Maß an Sauberkeit, sorgen für einen weitgehend krankheitsresistenten Bestand und halten die Verluste gering.

Trotz allem erkranken natürlich auch in gut gepflegten Beständen gelegentlich Vögel. Die Symptome sind gewöhnlich recht unspezifisch und können auf verschiedenartige Krankheiten hindeuten. Plustern, Apathie, Abmagerung, verringerte Nahrungsaufnahme, veränderte Kotkonsistenz u. a. sind Anzeichen, die auf eine ernste Allgemeinerkrankung hindeuten und die Konsultation eines Tierarztes notwendig machen.

Oft sind Kleintierärzte bei der Behandlung von gefiederten Hausgenossen restlos überfordert, so daß es sich in den meisten Fällen empfiehlt, einen der wenigen Fachtierärzte für Geflügelkrankheiten, die es in der Bundesrepublik augenblicklich gibt, aufzusuchen. Auch wenn sich – allein schon durch eine weite Anreise – hier relativ hohe Kosten ergeben, so zahlt sich dies bei wertvollen Tieren aus.

Vogelliebhaber neigen häufig dazu, ihre erkrankten Vögel anfangs selbst zu behandeln und erst bei ausbleibendem Erfolg einen Spezialisten zu Rate zu ziehen.

Von solchen Selbstversuchen muß an dieser Stelle jedoch dringend abgeraten werden, denn falsch behandelte und somit unter Umständen chronisch erkrankte Tiere sind in der Regel auch vom Fachmann nicht mehr zu heilen, während bei rechtzeitig einsetzender, gezielter Therapie durchaus viele Krankheiten positiv beeinflußbar sind.

Ebenso sei davor gewarnt, seinen Papageien ständig gering dosierte Gaben eines Antibiotikums ins Futter zu mischen. Die beabsichtigte Wirkung, eine Steigerung der Abwehrkräfte bei den Vögeln, schlägt ins Gegenteil um und bewirkt eine Resistenzminderung.

Dennoch sollte der gewissenhafte Tierpfleger bei einer festgestellten Erkrankung verschiedene Maßnahmen einleiten: Zum einen ist der Vogel von einer eventuell bestehenden Gruppe abzusondern und separat unterzubringen, um ein Übergreifen der Krankheit auf andere Artgenossen zu verhindern. Daneben empfiehlt sich eine Wärmebestrahlung mit einer Rotlichtlampe, die, verbunden mit Vitamingaben, Erkältungen und sonstige geringfügige Erkrankungen schnell zum Abklingen bringt.

Bei ernsten Krankheitsbildern ist ohne Zeitverlust ein Tiermediziner aufzusuchen. Sofern es der Zustand des Vogels noch zuläßt, sollte vor Behandlungsbeginn eine Kotprobe entnommen und einem tiermedizinischen Institut zur bakteriologischen und parasitologischen Untersuchung übersandt werden.

Bei Verlust eines Tieres ist dieses im Interesse der Gesunderhaltung des übrigen Bestandes einem Fachmann zur Sektion zu übergeben. Wenn auch eine derartige Untersuchung mit einigen Kosten verbunden ist, wird die Todesursache jedoch in der Regel festgestellt und die gewonnenen Erkenntnisse können weitere Haltungsfehler oder ähnliches künftig vermeiden helfen.

Mehrere Tiermediziner haben sich in den vergangenen Jahren eingehend mit dem Gebiet der Vogelheilkunde befaßt und ihre Erfahrungen publiziert. Insbesondere sei hier auf die Darstellungen von Ebert (1972), Heidenreich (1980), Kemna (1976), Kronberger (1971) und Raethel (1968) verwiesen.

Hyazintharas
(A. hyacinthinus)
drohen im Höhleneingang gegen den Betrachter. Typisch ist das Festbeißen am Rand des Einschlupfloches.

Zucht von Aras?

Wenn man unter dem Begriff „Zucht" eine durch den Menschen geplante und gelenkte Festigung, Verstärkung oder Neukombination von Eigenschaften mit Auswirkungen auf die nächste Generation verstünde, so träfe diese Definition sicherlich auf manche Arten und Gattungen der Ordnung der Papageien zu. Insbesondere wären hier Wellensittich *(Melopsittacus)*, Nymphensittich *(Nymphicus)*, Unzertrennliche *(Agapornis)* und Grassittiche *(Neophema)* zu nennen, die vor allem durch die zutage getretenen Mutationen ihre Tendenz zur Domestikation erkennen lassen.

Der Tierhalter neigt jedoch dazu, jede Fortpflanzung von Tieren in seiner Obhut als Zucht zu bezeichnen, wobei er die Meinung vertritt, dies sei die beste Bestätigung für eine optimale Haltung und Fütterung, die somit keiner Verbesserung oder Überprüfung bedürfe.

Die große Bedeutung der instinktiven arterhaltenden Notwendigkeit läßt er dabei oftmals außer acht.

Auch auf die bisher bekanntgewordenen Ara-Zuchten kann der obige Begriff m. E. keine Anwendung finden, zumal die wenigen Erfolge in hohem Maße Zufallscharakter tragen.

Dennoch hat der interessierte Papageienfreund verschiedene Möglichkeiten, Voraussetzungen zu schaffen, die für eine erfolgreiche Gefangenschaftsvermehrung mitbestimmend sein können.

In den USA werden Ara-Mischlinge relativ häufig gezüchtet.
Wenn dieser Vogel *(A. ambigua × A. macao)* auch optisch ansprechend wirkt, müssen derartige Kreuzungen zugunsten rassereiner Verpaarungen künftig vermieden werden.

Zusammenstellung von Paaren

Eines der schwierigsten Probleme bei der Großpapageienvermehrung ist die Zusammenstellung eines harmonischen Paares. Die geschlechtliche Unterscheidung von Papageien ohne Geschlechtsdimorphismus, zu denen alle hochentwickelten Arten einschließlich der Aras gehören, bereitet auch erfahrenen Vogelpflegern immer wieder Schwierigkeiten.

Zum einen können sich unter Umständen geringfügige farbliche Unterschiede zwischen den Geschlechtern ergeben. Das männliche Tier ist dann zumeist kräftiger gezeichnet und die verschieden gefärbten Gefiederpartien sind deutlicher voneinander abgegrenzt als bei weiblichen Tieren. Daneben kann ein Vogel mit großem, schwerem Körperbau (vgl. Gewichtstabelle im Kapitel Anschaffung und Eingewöhnung) verbunden mit flachem, „eckigem" Kopf und wuchtigem Schnabel in den meisten Fällen als Hahn angesehen werden, während der Körperbau einer Henne ein wenig zierlicher, der Kopf kleiner und im Profil leicht rundlich wirkt (vgl. die schematische Darstellung der Geschlechtsunterschiede bei Keilschwanzsittichen, Arndt, 1981).

Verschiedene Liebhaber glauben, ihre Aras anhand der Form des Schnabels geschlechtlich bestimmen zu können. Dieser sei beim weiblichen Tier wesentlich stärker gekrümmt als beim Männchen und wirke daher im Profil beinahe wie ein Halbkreis.

Eine weitere, mittlerweile häufig praktizierte Art der Geschlechtsbestimmung ist die sogenannte endoskopische Untersuchung, die von verschiedenen versierten Tierärzten sowie an Tierärztlichen Hochschulen vorgenommen werden kann.

Bei dem zu untersuchenden Vogel wird – nach kurzer Betäubung – ein kleiner Einschnitt unterhalb der letzten Rippe gemacht, durch welchen ein Endoskop in die Bauchhöhle des Tieres eingeführt werden kann. Ein solches Gerät hat normalerweise einen Durchmesser von 2–2,7 mm und erlaubt – unter Zuhilfenahme eines winzigen Beleuchtungskörpers – die Inspektion einer Körperhöhle. Auf diese Weise lassen sich männliche Hoden von weiblichen Eierstöcken exakt unterscheiden, ebenso wie aktive Geschlechtsorgane von untätigen. Eine weitere Bedeutung kommt diesem Instrument bei der Erkennung von Krankheiten der inneren Organe zu, so z. B. bei pathologischen Veränderungen der Lunge, etwa bei Tuberkulose oder Aspergillose, sowie bei Erkrankungen der Leber und Nieren.

Diese Technik wird seit mehreren Jahren in den USA erprobt und findet auch in Deutschland immer mehr Befürworter und Nachahmer. Sie ist seit geraumer Zeit auch für die Allgemeinheit zugänglich und finanziell tragbar. Die Zuverlässigkeit der Methode ist unumstritten, Todesfälle traten bei den untersuchten Tieren nur in sehr geringem Maße auf (unter 1 %) und waren beinahe ausnahmslos auf die unsachgemäße Behandlung der Tiere nach dem Eingriff zurückzuführen (vgl. auch Ingram 1982).

Mit der Entwicklung dieser Untersuchungsmethode ist dem Tierarzt endlich eine Möglichkeit zur exakten Geschlechtsbestimmung von Papageien gegeben; es sei jedoch darauf hingewiesen, daß alle Vertreter der hochentwickelten Papageienfamilie *Psittacidae* in höchstem Maße wählerisch bei der Partnersuche sind. Willkürlich zusammengewürfelte Tiere, die möglicherweise Unterschiede in bezug auf Alter, Kondition und Akklimatisation aufweisen, benötigen oft viele Jahre, bis es zu einer Eiablage oder gar zu einer erfolgreichen Jungenaufzucht kommt.

Trotz der zuletzt aufgezeigten Schwierigkeit kann man seit der Anwendung der Endoskopie eine gewisse Zunahme gelungener Großpapageienzuchten verzeichnen.

Der Vollständigkeit halber sei auf zwei weitere Möglichkeiten geschlechtlicher Bestimmung hingewiesen:

Zum einen handelt es sich um eine mikroskopische Untersuchung einer einzelnen Feder, welche dem Vogel des zweifelhaften Geschlechts ausgezupft wird. Dieses Verfahren wurde im Houston Zoo, Texas, entdeckt und dort zwischen 1974 und 1976 angewendet.

Bei einer weiteren Methode, die von Biologen des Zoos in San Diego entwickelt wurde, erfolgt die Geschlechtsbestimmung durch Untersuchung des Kotes, der durch Bestimmung seines Hormongehaltes (Östrogen und Testosteron) Aufschluß über das Geschlecht eines Vogels gibt.

Keine der beiden Methoden hat sich in größerem Umfang durchgesetzt, zumal die Anschaffung der notwendigen technischen Geräte sehr kostspielig ist und offenbar große Fehlerquellen einkalkuliert werden müssen.

Wie mir Prof. Dr. E. Curio, Ruhr-Universität Bochum, mitteilte, beschäftigt er sich augenblicklich mit einer Art der Geschlechtsbestimmung durch eine Chromosomen-Untersuchung des Blutes. Man arbeitet dort zur Zeit mit dem Blut von Kranichen und will versuchen, diese bisher

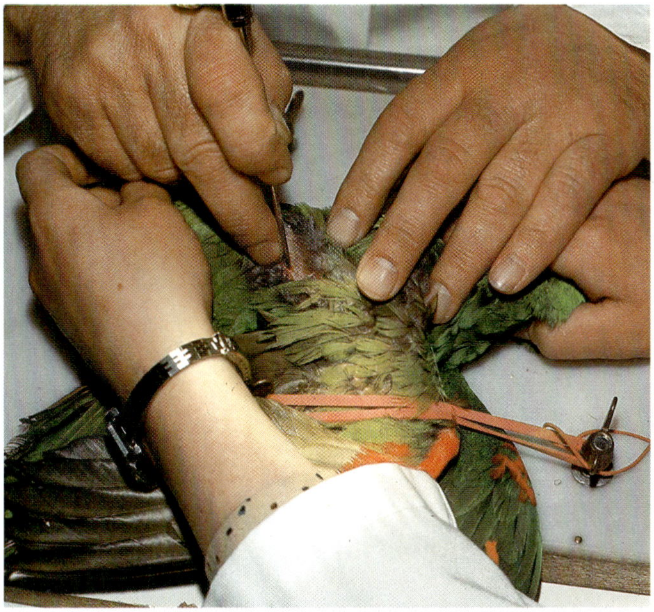

Bei der endoskopischen Geschlechtsbestimmung wird der Papagei vor dem chirurgischen Eingriff kurz narkotisiert. Wenn keine inneren Abnormitäten vorliegen, ist die Geschlechtsdiagnose problemlos zu stellen.

kostspielige Methode in Zukunft auch Privatleuten zugänglich zu machen.

Die weitaus erfolgversprechendste Methode, die trotz der Möglichkeiten modernster Technik an dieser Stelle empfohlen werden soll, ist, den Tieren eine freie Wahl des Partners zu ermöglichen. Dazu wäre es günstig, vier bis sechs Tiere einer Art zu erwerben und gemeinsam in einem größeren Flugraum unterzubringen. Dort verpaaren sich die Tiere gelegentlich schon im Alter von zwei bis drei Jahren, in der Regel jedoch erst bei Eintritt der Geschlechtsreife mit einem geeignet erscheinenden Partner.

Im Vogelpark Walsrode kam es bei den Hyazintharas *(A. hyacinthinus)* im April 1982 erstmals zur Eiablage.

Der Nistkasten für Hyazintharas muß einen Innendurchmesser von ca. 60 cm haben, um die Elterntiere mit den Jungen aufnehmen zu können.

Eine solche Partnerschaft ist selten geprägt von größeren Schwierigkeiten und hält gewöhnlich ein Leben lang. Rupfende Altvögel, unterbrochene Brutgeschäfte, verlassene oder getötete Jungtiere u. a. finden sich bei solchen Papageienpaaren – im Gegensatz zu willkürlich zusammengestellten – nur selten. Eine Trennung vom „auserwählten" Partner kann bei Papageien in der Gefangenschaft kaum festgestellt werden, es sei denn, er wird seiner biologischen Rolle nicht gerecht. Bei vorzeitigem Tod eines Tieres findet nach einer gewissen „Trauerzeit" eine Neuverpaarung statt.

Leider ist die beschriebene Methode sehr kostenintensiv und setzt das Vorhandensein größerer Freifluggehege voraus, so daß sie nur für wenige Liebhaber praktikabel erscheint.

Weitere Voraussetzungen

Neben der geschlechtlichen Bestimmung müssen weitere wesentliche Voraussetzungen gegeben sein, um eine Gefangenschaftsvermehrung von Aras denkbar erscheinen zu lassen. Entscheidend ist vor allem das Alter der erworbenen Tiere. Leider lassen sich Vögel unbekannter Herkunft nur schwierig bezüglich ihres Alters bestimmen.

Jungvögel unterscheiden sich in der Regel durch einen dunklen Augenirisring von subadulten oder adulten Tieren. Daneben weisen sie oft eine kleinere Gestalt sowie matte Gefiederfarben auf, verbunden mit unscharf voneinander abgegrenzten Farbpartien.

Der Schnabel junger Papageien ist häufig glatt und glänzend, bei älteren Tieren dagegen ist er mit dünnen, aufgelagerten Hornplättchen versehen, die dem Schnabel ein unregelmäßiges Äußeres verleihen.

Der Zeitpunkt des Eintritts der Geschlechtsreife ist bisher nur ungenau bekannt, zumal das genaue Alter eines Tieres zur Zeit des Erwerbs gewöhnlich im unklaren bleibt.

Man vermutet, daß große Araarten mit fünf bis sieben Jahren geschlechtsreif werden; bei kleineren Arten ist dies wahrscheinlich mit drei bis vier Jahren der Fall.

Die angegebenen Werte haben jedoch nur Richtwertcharakter und können bei suboptimalen Haltungsbedingungen variieren.

Bei Zuchtversuchen spielt weiterhin der Zeitpunkt der Großgefiedermauser eine nicht zu unterschätzende Rolle. Brutvögel müssen vollkommen akklimatisiert sein und werden nur dann erfolgreich Junge erbrüten und aufziehen können, wenn sie gleichzeitig (und zeitlich nach der Reproduktionsphase) das Gefieder wechseln.

In Gefangenschaft läßt sich dies erreichen, indem man Zuchtvögel (dies gilt natürlich nicht für Frischimporte) im Winter bei relativ niedrigen Temperaturen (etwa 10 bis 15 °C) hält. Auf diese Weise kann man den Tieren im Frühjahr bei der Umstellung vom Innenraum auf die Freivoliere größere Temperaturschwankungen ersparen; umgekehrt verhält es sich im Spätherbst, wenn sie ins Schutzhaus zurückkehren müssen.

Bei einer derartigen Haltung beginnen die Aras im April, wenn es in Mitteleuropa auf natürliche Weise wärmer wird, mit der Balz; die Eiablage erfolgt gewöhnlich Anfang Mai.

Nach jeder Brut ist der benutzte Nistkasten zu reinigen und anschließend zu desinfizieren.

Die in der freien Natur zur Verfügung stehenden Baumhöhlungen sind im Durchschnitt kleiner, als allgemein angenommen wird. Auch in Gefangenschaft genügen für die größeren Araarten durchaus Niststämme mit einem Durchmesser von 35–50 cm und einer Höhe von 80 bis 100 cm; kleinere Arten nehmen mit entsprechend kleineren Nistgelegenheiten vorlieb.

Das Einschlupfloch sollte sich im oberen Drittel des Nistkastens befinden und muß je nach Art einen Durchmesser von 10–20 cm aufweisen.

Um für die Tiere eine zusätzliche Stimulanz zu schaffen, empfiehlt es sich, das Schlupfloch vor Brutbeginn durch Benagelung mit Weichholzästen zu verengen. Diese werden von den Tieren in kurzer Zeit zernagt und steigern die Brutlust.

Im unteren Drittel, etwa 10 cm über dem Boden, wird eine verschließbare Kontrollöffnung angebracht, die von Zeit

Der Goldnackenara ist in den vergangenen Jahren sowohl bei privaten Papageienhaltern als auch im Vogelpark Walsrode mehrfach zur Brut geschritten.

Bei den hier in drei Entwicklungsstadien abgebildeten Jungtieren handelt es sich um eine Nachzucht aus dem VP Walsrode, wo inzwischen 27 Vögel dieser Araart erbrütet wurden.

Oben links: Vor der Eiablage kam es bei den Gelbbrustaras von H. Linn häufig zu gegenseitiger Gefiederpflege.

Oben rechts und unten links: Als Nistkasten akzeptierten die Tiere einen aus rohen Brettern hergestellten Verschlag.

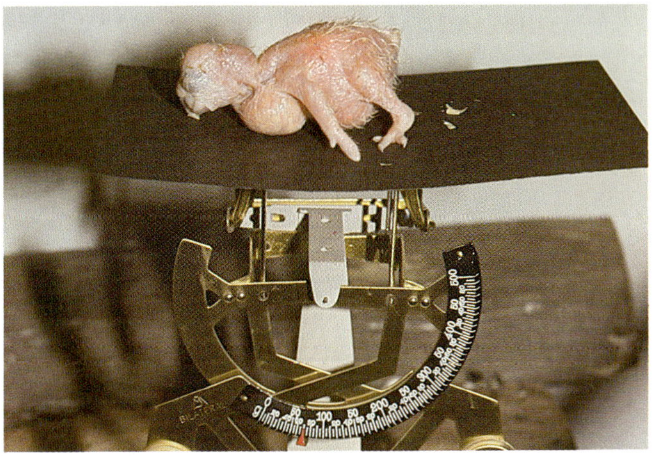

Die Jungenentwicklung beim Gelbbrustara, *A. ararauna* (nach Angaben von H. Linn, Radevormwald).

Oben links: Gelege des Gelbbrustaras.

Mitte links: Das erste abgelegte Ara-Ei hatte eine Größe von 45 × 34 mm.

Links unten: 2 Tage altes Küken.

Rechts oben: 7 Tage alt.

Gelbbrustara-Jungtiere, frisch geschlüpft, 1 und 3 Tage alt.

7 Wochen alt.

5 und 7 Tage alt.

8 Wochen alt.

14 Tage alt.

11 Wochen alte Gelbbrustaras im Nistkasten.

Gelbbrustara im Alter von 10 Wochen.

zu Zeit einen Blick ins Innere des Kastens gestattet, ohne gleich das brütende Tier vom Nest zu vertreiben. Man hüte sich jedoch vor ständigen Inspektionen, um das Brutgeschehen nicht ungünstig zu beeinflussen. Es muß von Fall zu Fall entschieden werden, ob eine Nistkastenkontrolle zu verantworten ist, ohne die Brut zu gefährden.

Der Nistkasten wird gewöhnlich im überdachten Teil der Freivoliere hoch unter dem Volierendach angebracht. Bei verschiedenen Züchtern und in zoologischen Gärten zeigten die großen Arten jedoch die Tendenz, auf dem Boden stehende Nistgelegenheiten bevorzugt anzunehmen.

Die im Wuppertaler Zoo erbrüteten Hybriden aus *A. ararauna* und *A. chloroptera* kamen alle in einem am Boden stehenden Bretterkasten zur Welt; die dort züchtenden Rotohraras *(Ara rubrogenys)* bevorzugten dagegen eindeutig hoch angebrachte Brutgelegenheiten (Dr. Schürer, briefl. Mitt.).

Die von manchen Ara-Haltern als Nistgelegenheiten vorgesehenen Kunststoff- oder Blechtonnen sind aus verschiedenen Gründen ungeeignet.

Die Jungen schlüpfen etwa Anfang Juni und werden je nach Art von den Eltern bis Ende September / Anfang Oktober eifersüchtig bewacht und betreut.

Zum Ende der Nestlingszeit, etwa Ende August, beginnen die adulten Tiere ihr oft arg strapaziertes Federkleid zu vermausern und weisen vor Eintritt des Winters wieder ein komplettes, funktionsgerechtes Gefieder auf.

Eine weitere wichtige Zuchtvoraussetzung ist m. E. die Haltung von Aras in geräumigen Freivolieren.

Wenn auch vereinzelt Paare in großen Zimmerkäfigen zur Brut schreiten, so bieten doch größere Flugräume wesentlich bessere Erfolgsaussichten. Hier hat das Weibchen auch die Möglichkeit, während der Präkopulativphase dem unter Umständen stark treibenden Hahn auszuweichen, ebenso wie diese Haltungsart generell dem Bewegungsbedürfnis der großen Vögel entgegenkommt.

Zum Schluß sei darauf hingewiesen, daß in der Regel nur konditionell einwandfreie Vögel, die abwechslungsreich

Der unterschiedliche Entwicklungsstand des Gefieders ist bei den etwa 10 Wochen alten Ara-Jungen deutlich zu erkennen.

ernährt und optimal gehalten und gepflegt werden, in Gefangenschaft zur Brut schreiten werden.

Frischimporte benötigen oft viele Jahre, bis sie mit den hiesigen Klima-, Futter- und Platzverhältnissen vertraut sind.

Brutvorbereitungen

Ebenso wie in freier Natur, wo das Nahrungsangebot der Aras einem jahreszeitlichen Wechsel unterworfen ist, sollte auch in Gefangenschaft die Fütterung einige Wochen vor Brutbeginn variiert werden.

Nach dem Ausfliegen im Alter von 12 Wochen sind die Jungtiere vor allem durch die dunkle Färbung der Augen von den Eltern zu unterscheiden.

Obst, Keimfutter sowie ein spezielles Aufzuchtfutter (vgl. Kapitel Ernährung) sollte den Tieren angeboten werden und dient ebenso wie eine geringe, zusätzliche Gabe von Vitaminen (speziell Vitamin E und B) zur Stimulanz der Vögel.

Die rechtzeitige Gewöhnung der Altvögel an ein Aufzuchtfutter kann bei der späteren Fütterung der Jungvögel entscheidend für einen Bruterfolg sein.

Wie die meisten Vertreter der Ordnung der *Psittaciformes* sind auch Aras Höhlenbrüter. Die weiße Färbung der Eier sowie die lange Entwicklungszeit der Jungvögel machen eine Tarnung des Brutgeschäftes durch Benutzen von hohlen Baumstämmen und Felsnischen notwendig.

In der Regel stellen die Vögel ihre Brutkammern nicht selbst her, sondern benutzen bereits vorhandene Hohlräume, die ggf. vor Brutbeginn erweitert werden.

Verschiedene Entwicklungsstadien eines Hellroten Aras *(A. macao)* nach Müller-Bierl (1983):

32 Tage

35 Tage

Grünflügelaras *(Ara chloroptera)* wurden jedoch im Süden Brasiliens dabei beobachtet, wie sie versuchten, mit Hilfe ihres mächtigen Schnabels eine Bruthöhle in eine Felswand zu graben.

In Gefangenschaft eignen sich für Zuchtversuche Nistkästen, die aus Hartholzbrettern hergestellt werden können, oder hohle Naturbaumstämme.

Naturstämme bieten m. E. bessere Erfolgsaussichten, da Seitenwände und Boden in der Regel aus moderndem Holzmulm bestehen, dessen Feuchtigkeitsgehalt das spätere Schlüpfen der Jungtiere begünstigt. Ebenso sind die Eier während des Brütens optimal gelagert und können nicht auseinanderrollen.

**Abbildung rechts unten:
Nach dem Ausfliegen besitzt der Jungvogel (Mitte) ein komplettes Gefieder und gleicht weitgehend den adulten Tieren.**

38 Tage

38 Tage

Bei aus Brettern hergestellten Nistkästen lassen sich ähnliche Bedingungen nachahmen, indem der Boden mit vermodernden Holzstücken, die überall in den Wäldern zu finden sind, bedeckt wird. Darüber hinaus empfiehlt es sich, einen solchen Kasten des öfteren von außen mit Wasser zu besprühen, um im Holz ein gewisses Feuchtigkeitsreservoir herzustellen.

Bei der Wahl einer Nistgelegenheit sind Großpapageien unter Umständen sehr wählerisch. Man tut deshalb gut daran, mehrere verschiedengestaltige Bruthöhlen an verschiedenen Stellen innerhalb einer Voliere anzubringen.

Hat sich das Paar für einen Kasten entschieden, können die übrigen entfernt werden. Der einmal gewählte Brutplatz wird von den Tieren Jahr für Jahr aufs neue benutzt.

Linke Spalte: Nach dem Zoologischen Garten Wuppertal gelangen Mischlingszuchten zwischen Gelbbrust- und Dunkelrotem Ara nun auch verschiedenen privaten Liebhabern. Bei Herrn Amme, Bissendorf, kam es 1981 zur Aufzucht von drei Ara-Hybriden.

Oben: Die Ara-Mischlinge tragen Merkmale beider Elternteile, wie dies auch von anderen Mischlingszuchten bekannt ist.

Mischlingszuchtpaar *(A. ararauna* × *A. chloroptera)* mit drei Jungtieren bei O. Amme, Bissendorf. Die drei jungen Aras gleichen sich hinsichtlich der Färbung und Statur vollkommen.

Brutverlauf

Eingewöhnte, geschlechtsreife Aras beginnen in Gefangenschaft normalerweise Anfang April mit den Brutvorbereitungen. Ein ausgeprägtes Balzverhalten – wie man es von anderen Vogelarten kennt – ist nicht zu beobachten, allerdings mehren sich Verhaltensweisen, die die enge soziale Bindung der Vögel erkennen lassen.

An erster Stelle steht hier die soziale Gefiederpflege, die jedoch auch außerhalb der Brutzeit und unter Umständen auch bei gleichgeschlechtlichen Tieren gelegentlich vorkommt. Gleichzeitig zeigen beide Tiere ein verstärktes Interesse für den bereitgestellten Nistkasten, dessen Einschlupfloch und Inneres sie nun intensiv benagen. Die dabei losgelösten Holzspäne fallen auf den Nistkastenboden und bilden später ggf. die Nestunterlage.

Erstmals kann nun auch gegenseitiges Füttern beobachtet werden; in der Regel füttert der Hahn die Henne mit vorverdautem Futter aus seinem Kropf und erprobt damit seine spätere Funktion als Ernährer des Weibchens und der Jungen.

Ara-Mischlinge *(A. ararauna × A. chloroptera)* im Waldtierpark Bretten.

Sollte sich das Ara-Paar zu diesem Zeitpunkt noch in Gesellschaft von Artgenossen befinden, sind diese unverzüglich in anderen Flugräumen unterzubringen, um dem Paar ein eigenes Revier überlassen zu können.

Darüber hinaus sollte Besuchern der Zutritt zur Volierenanlage nun vorübergehend nicht mehr gestattet werden, ebenso wie die Vögel durch Arbeiten in und am Vogelhaus sowie durch ungewohnte Ereignisse, Gegenstände und Geräusche nicht beunruhigt werden dürfen.

Die Vögel verhalten sich gegenüber dem Pfleger und anderen „Eindringlingen" nun sehr aggressiv; das Spektrum reicht von schwacher Revierverteidigungsbereitschaft bis zu direktem Angriff.

Das Endglied der Präkopulativ-Phase bildet die Begattung, deren Häufigkeit kurz vor der Eiablage zunimmt. Mehrere Kopulationen am Tag sind die Regel.

Etwa drei bis vier Wochen nach Beginn der Balzzeit kommt es zur Eiablage; das Gelege umfaßt 2, seltener 3 oder 4 Eier, die das Weibchen im Abstand von 2 bis 4 Tagen legt.

Nach einer Brutzeit von 24 bis 28 Tagen (je nach Art) schlüpfen die Jungvögel im zeitlichen Abstand der Eiablage. Sie werden in den ersten Tagen ausschließlich von der Mutter gefüttert, die den vorverdauten Futterschleim aus dem Kropf ihres Partners entgegennimmt und später zweifach vorverdaut an die Jungtiere weitergibt. Nach zwei bis drei Wochen beteiligt sich auch der Hahn an der Fütterung. Die verabreichten Futterbestandteile werden im Verlauf der Nestlingszeit in der Konsistenz gröber.

Nach Ablauf von zwölf bis vierzehn Wochen (bei Zwergaras 8 bis 10 Wochen) verlassen die Jungen vollbefiedert den Nistkasten und müssen noch über längere Zeit von den Eltern betreut werden, bis sie ihre Selbständigkeit erreichen.

Diese handaufgezogenen Ara-Jungtiere wurden nur für das Foto in dieses Körbchen gesetzt.

Kunstbrut und Handaufzucht

Nicht immer verläuft die Aufzucht von Jungvögeln so „geradlinig", wie zuvor beschrieben.

Oft erlebt der Züchter die herbe Enttäuschung, daß Eier oder frisch geschlüpfte Jungvögel von den Eltern verlassen werden. Die hierfür verantwortlichen Ursachen können vielfältig sein, und es ist daher schwierig, an dieser Stelle allgemeingültige Hinweise zu geben. Häufige Störungen des Brutpaares, ungeeignetes Futter (bei älteren Jungvögeln spielt auch die Futterquantität eine wesentliche Rolle), ungünstiges Klima im Zuchtraum u. a. können Gründe sein. Der Pfleger tut gut daran, von Fall zu Fall seine Haltungsbedingungen zu überprüfen.

Eier, die von Altvögeln nicht bebrütet werden, können in einem gewöhnlichen Brutapparat bei einer Temperatur von 38,5 °C und einer Luftfeuchtigkeit von 70–80 % zur Entwicklung gebracht werden. Dabei sollten die Eier zweimal täglich gewendet werden und gelegentlich für kurze Zeit auskühlen. Kurz vor dem Schlupf ist die Luftfeuchtigkeit möglichst noch zu erhöhen, um den Jungen das Durchbrechen der Eischale zu erleichtern.

Nach dem Schlupf ernähren sich die jungen Vögel noch mehrere Stunden von ihren Dottervorräten. Mit der künstlichen Aufzucht sollte daher erst 10–12 Stunden später begonnen werden.

An dieser Stelle sei darauf hingewiesen, daß der Pfleger, der sich zur Handaufzucht von Papageien entschließt, für einen längeren Zeitraum intensiv von seinen Pfleglingen in Anspruch genommen wird. Große Araarten erreichen ihre Selbständigkeit oft erst im Alter von 3 bis 4 Monaten und bedürfen während dieser Zeit – speziell jedoch in den ersten Lebenswochen – beinahe ununterbrochener Betreuung.

Mittels einer Plastikeinwegspritze (ohne Kanüle) wird den jungen Vögeln während der ersten 25–30 Tage im Abstand von zwei bis drei Stunden (ausgenommen die Nachtstunden von 22 bis 6 Uhr) ein leicht verdaulicher, dünnflüssiger Futterschleim, der wenigstens handwarm sein sollte, in den Schnabel geträufelt. Dabei kann man bei dem unbefiederten Vögelchen durch die dünne, rosagefärbte Haut deutlich erkennen, wie der Nahrungsschleim sich im Kropf ansammelt. Der Vogel sollte bei jeder Fütterung nur soviel Nahrung erhalten, daß der Kropf nicht zu prall gefüllt ist.

Mit zunehmendem Alter und Gewicht, welches täglich kontrolliert werden sollte, müssen die Nahrungsbestandteile dickflüssiger werden.

Als Anhaltspunkte für die Gewichtsentwicklung bei Großaras (in diesem Fall Mischlinge aus *A. ararauna* und *A. chloroptera*) soll eine von Haas (1977) zusammengestellte Tabelle an dieser Stelle abgedruckt werden. Es handelt sich dabei um künstlich aufgezogene Vögel, die mit folgendem Futtergemisch, welches im Zoo San Diego mehrfach erfolgreich angewendet wurde, großgezogen wurden:

Das Futter bestand aus einer halben Tasse Weizenschrot, 2 Eigelb und 2 Eßlöffeln Dosenmilch, welches mit Wasser zu einem suppigen Brei verrührt und auf schwachem Feuer gekocht wurde, bis der Brei eine feste Konsistenz annahm. Vor der Fütterung kamen Quark und Banane dazu, so daß das Futter dann aus ⅛ Quark, ⅛ Banane und ⁶⁄₈ gekochtem Brei bestand. Halbreifer milchiger Mais und angekeimtes Getreide kamen dazu. Vitaminpräparate und Mineralstoffbeigaben rundeten die Mischung ab.

Gewichtszunahme von drei handaufgezogenen Ara-Hybriden in den ersten 70 Lebenstagen:

Lebenstag	„Mike"	„Pipifax"	„Pan"
1	25 g	26 g	26 g
5	25 g	–	25 g
10	27 g	36 g	29 g
15	36 g	49 g	37 g
20	43 g	61 g	47 g
25	59 g	79 g	52 g
30	70 g	100 g	69 g
40	118 g	130 g	130 g
50	185 g	232 g	215 g
60	260 g	330 g	285 g
70		400 g	370 g

Nach einigen Wochen können die zeitlichen Abstände zwischen den Mahlzeiten größer werden und zum Ende der Nestlingszeit genügt es, die jungen Vögel nur noch dreimal täglich mit einem dickflüssigen Brei, der vom Löffel oder bereits aus einem Napf genommen wird, zu versorgen.

Gleichzeitig erhalten die Tiere in einem gesonderten Napf gekeimte Saat, die sie bald zu enthülsen lernen. Von da an ist der Schritt zur selbständigen Aufnahme von gewöhnlichem Körnerfutter nicht mehr groß.

Den Erfahrungen mehrerer Zoos zufolge sollen die frischgeschlüpften Aras zunächst bei einer Temperatur von 32–35 °C in einem Behältnis untergebracht werden, in welchem eine gute Luftzirkulation gewährleistet ist. Bei abweichenden Temperaturen traten bei den Jungvögeln Verdauungsstörungen auf. Im Laufe der Entwicklungszeit werden die Temperaturen langsam gesenkt und erreichen nach zwei bis drei Monaten normale Zimmertemperatur.

Neben der zuvor angegebenen Futtermischung kann man die in jedem Lebensmittelgeschäft erhältlichen Baby-Nahrungsmittel, die gewöhnlich mit Milch oder Wasser angerührt werden müssen, als Grundbestandteil des Aufzuchtfutters verwenden. Je nach Alter des Vogels wird der Brei in seiner Konsistenz verändert und mit Vitaminen, Mineralstoffen, Obstsäften, kleingehacktem Ei oder Grünfutter angereichert.

Aras, die auf solche Weise großgezogen werden, entwickeln sich zu sehr zahmen, liebenswürdigen Hausgenossen, die sich eng ihrem Pfleger anschließen.

Jungtiere, die bei den Eltern schlüpften und von diesen erst nach einigen Tagen verlassen wurden, können natürlich bei rechtzeitigem Eingreifen ebenfalls von Hand weitergefüttert werden und fixieren sich dabei stark auf den Pfleger. Im Gegensatz zu den künstlich erbrüteten Vögeln findet bei ihnen jedoch keine direkte Prägung statt, die ein späteres Zusammenleben mit Artgenossen unmöglich macht.

Auf jeden Fall ist es äußerst schwierig, auf den Menschen fixierte oder gar fehlgeprägte Vögel einer Gruppe normal entwickelter Artgenossen anzugliedern.

Ara-Mischling
(A. ararauna ×
A. chloroptera) bei
dem Schweizer
Züchter Meier
in Horgen.

Zusammenfassung der brutbiologischen Daten

	Gesamtlänge	Gelegegröße	Brutdauer in Tagen	Nestlingszeit in Tagen	Ei-Größe	Bemerkungen
Genus: *Anodorhynchus* (3 Arten)						
Hyacinthinus	100 cm	2–3 (5)	29 (?)			Einzelh. unbek.
Glaucus	72 cm			120		Einzelh. unbek.
Leari	75 cm				57,0 x 38,4 mm	
Genus: *Cyanopsitta* (1 Art)						
Spixii	56 cm	3			34,9 x 28,7 mm	
Genus: *Ara* (13 Arten)						
Ararauna	86 cm	2–3	25	90	46,4 x 35,9 mm	
Glaucogularis	85 cm					Einzelh. unbek.
Militaris	70 cm	2–(3)		75–90	46,4 x 32,8 mm	
Ambigua	85 cm	2–3	23(?)–26	80–90	55,0 x 46,0 mm	
Macao	85 cm	2–3	25–28	80–104	47,0 x 33,9 mm	
Chloroptera	90 cm	2–3	26–28	100	50,0 x 35,4 mm	
Rubrogenys	60 cm	3				Einzelh. unbek.
Auricollis	38 cm	3		65		
Severa	46 cm	2–(3)	28(?)	65–70	38,4 x 30,4 mm	
Manilata	50 cm					Einzelh. unbek.
Maracana	43 cm	2	24–27	60	37,1 x 29,9 mm	
Couloni	41 cm					Einzelh. unbek.
Nobilis	30 cm	3–4	24	60	32,6 x 24,5 mm	

Lebenserwartung

Wenn auch über das Alter verschiedener Papageien in der Vergangenheit wundersame Geschichten erzählt wurden, fehlen doch leider bis heute exakte Nachweise, die einer Überprüfung standhalten.

Wie viele andere Vögel oder Säugetiere erreichen auch Aras bei guter Pflege in Gefangenschaft ein höheres Alter als in Freiheit. Ein solcher Vogel muß weder nach Nahrung suchen, noch sich vor Feinden schützen oder verteidigen; auch das Risiko, einem Unfall zum Opfer zu fallen, ist äußerst gering.

Während für manche Kakadus ein Alter von über 80 Jahren belegt werden kann, scheinen Aras – ebenso wie Amazonenpapageien – nicht wesentlich älter als 35 Jahre zu werden. Die in der Literatur erwähnten Fälle, in denen Aras ein höheres Alter erreichten, sind als Ausnahmen zu werten.

Der Flug der Hyazintharas *(A. hyacinthinus)* signalisiert den engen Zusammenhalt der Paare.

Arten

Genus: *Anodorhynchus* (Spix) 1824

Die Ara-Gattung *Anodorhynchus* besteht aus drei Arten mit überwiegend blauer Gefiederfärbung, deren Gesamtlänge zwischen 72 und 100 cm variiert.

Allen Arten gemeinsam ist der nackte Augenring sowie die federlose Partie an der Basis des Unterschnabels, während die Wangenregion – im Unterschied zu *Ara* – vollständig befiedert ist.

Die ausgestorbene Art *A. purpurascens* wird gewöhnlich der Gattung *Anodorhynchus* zugerechnet, wenn auch die Existenz dieser Art, die früheren Reiseberichten zufolge auf Guadeloupe beheimatet war, nicht eindeutig feststellbar ist.

1. Hyazinthara
Hyazinth Macaw
Anodorhynchus hyacinthinus (Latham) 1790

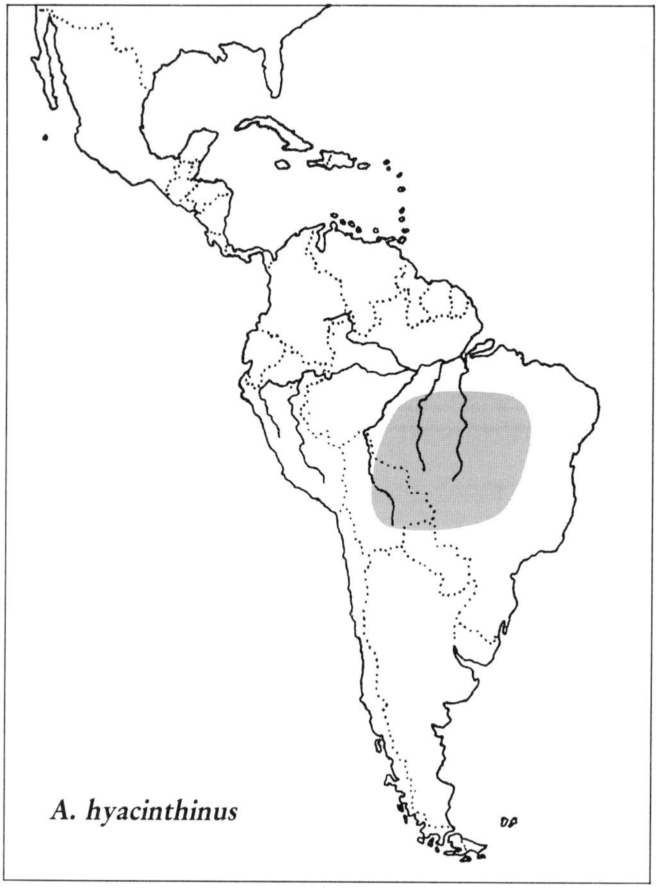

Beschreibung: Gesamtlänge 100 cm; Grundgefiederfarbe kobalt-blau, an den Flügeln dunkler; Schwanzunterseite grau; unbefiederter Augenring und unbefiederter Bereich an der Basis des Unterschnabels gelb; Schnabel grauschwarz; Iris dunkelbraun; Füße dunkelgrau;
Jungtiere: wie adulte Vögel, jedoch mit kürzerem Schwanz.

Verbreitung: Südliches Brasilien in Pará, Bahia, Goias, Minas Gerais und Mato Grosso.

Freileben: Wegen seines schwer zugänglichen Lebensraumes im Inneren Brasilien liegen über den Hyazinthara bisher kaum Freilandbeobachtungen vor.

In vielen Teilen seines Verbreitungsgebietes ist er ein häufiger Vogel, der als Biotop sumpfige Wälder und Palmenhaine bevorzugt.

Er lebt in Familienverbänden von 2–20 Tieren, wobei der enge Zusammenhalt der Paare deutlich wird.

Als Brutplätze benutzen Hyazintharas vermutlich natürliche Baumhöhlungen (in alten Palmen), die sich in der Regel in der Nähe von Wasserläufen befinden.

Ihre Nahrung besteht neben Früchten, Beeren und Samen vor allem aus großen, harten Palmnüssen und den Früchten von Feigenbäumen.

Haltung: Mit einer Gesamtlänge von 100 cm ist der Hyazinthara der größte Papagei unserer Erde, dessen gewaltiger Schnabel nur noch von dem des indonesisch-australischen Palm-Kakadus *(Probosciger aterrimus)* in der Größe übertroffen wird.

Die Unterbringung eines solchen majestätischen Vogels muß in einer geräumigen Freivoliere mit heizbarem Schutzhaus erfolgen. Eine Länge des Flugraumes von wenigstens 6 m ist für den Züchter, der die Vögel paarweise hält, eine notwendige Voraussetzung.

Der übliche Volierendraht mit einer Drahtstärke von 1,75 bis 2,05 mm hält den starken Schnäbeln der Papageien nur kurze Zeit stand. Statt dessen empfiehlt sich die Verwendung von Wellgitter mit einer Maschenweite von 25 × 25 bzw. 50 × 50 mm und einer Drahtstärke von 4–5 mm.

Daneben kann dieser Blauara während der Sommerzeit auch mit beschnittenem Flügel auf einem Kletterbaum gehalten werden. Im Vogelpark Birdland, England, erfolgte auf diese Weise die allmähliche Gewöhnung an den Freiflug. Nach de Grahl (1974) werden dort seit Jahren mehrere Paare freifliegend gehalten, ohne daß die Tiere sich verirrten oder abwanderten.

Bedford (1957) dagegen hält den Hyazinthara aufgrund eigener negativer Erfahrung für nicht standorttreu.

Der erste Hyazinthara kam vermutlich 1867 in den Zoo von London; 1880 zeigte ihn der Berliner Zoo sowie Hagenbeck in Hamburg und andere Tiergärten; in der darauffolgenden Zeit gelangte er nur selten nach Europa.

Seit 1970 wird dieser Blauara wieder gelegentlich von den Großhändlern – allerdings zu einem hohen Preis – angeboten. Man sieht ihn mehr und mehr in verschiedenen Zoos, Vogelparks und bei privaten Liebhabern, die ihn, um mit Ruß (1882) zu sprechen, „eigentlich als ein kostbares Aushängeschild" betrachten und ihn darüber hinaus wegen seines angenehmen Wesens schätzen.

Bemerkenswert erscheint mir die Hyazintharakollektion des Tierparks Bochum. Dort werden fünf Paare in einem riesengroßen Flugraum gehalten und können von den Besuchern ohne den störenden Draht beobachtet werden, da eine Volierenseite verglast ist.

Seine Nachahmungsbegabung bleibt deutlich hinter der anderer Großaras zurück, er legt jedoch seinem vertrauten Pfleger gegenüber ein äußerst verspieltes liebenswürdiges Wesen an den Tag.

Im Parrot Jungle, Miami, Florida, erwiesen sich Hyazintharas neben Gelbbrust-, Hellroten und Dunkelroten Aras als sehr gelehrige Vögel, denen verschiedene Kunststücke beigebracht werden konnten (Teitler 1979).

Im Gegensatz zu den nachfolgend beschriebenen Arten *A. glaucus* und *A. leari,* die seit Jahren zu den vorrangig vom Aussterben bedrohten Papageienarten gehören und im Anhang I des Washingtoner Abkommens aufgeführt sind, scheint eine unmittelbare Bedrohung des Hyazintharas noch nicht gegeben zu sein.

Zucht: Angesichts des sporadischen Imports dieser Art ist die Zucht relativ häufig gelungen.

Die vermutlich erste Gefangenschaftsvermehrung gelang 1968 im Kobe-Zoo, Japan.

Im gleichen Jahr kam es im Zoo von Chicago, USA, ebenfalls zu einer Eiablage. Das Gelege bestand aus 5 (!) Eiern, aus denen jedoch nur ein Küken schlüpfte. Leider wurde es von den Eltern nicht großgezogen.

Ein ähnliches Schicksal erlitt ein 1969 im Zoo von Bratislava, Tschechoslowakei, erbrütetes Jungtier, welches nur zwei Wochen überlebte. Erst 1978 konnte bei diesem Paar eine zweite Eiablage verzeichnet werden.

Eine detaillierte Zuchtbeschreibung liefert R. Small, dem 1971 im Brookfield-Zoo, Chicago, die Handaufzucht eines Hyazintharas gelang (zit. nach Low 1980):

Zum Zeitpunkt der ersten Eiablage war das Weibchen beinahe 19 Jahre alt, der Hahn etwa 13 Jahre alt. Nach einigen unbefruchteten Gelegen zwischen 1968 und 1970 kam es 1971 zum ersten Bruterfolg. Zwei Eier wurden im Abstand von 2 Tagen gelegt und 29 Tage lang vom Weibchen bebrütet. Nach dem Schlüpfen mußten die Jungtiere jedoch zur Handaufzucht aus dem Nistkasten genommen werden, da sie von den Eltern nicht beachtet wurden. Ein ähnliches Schicksal erlitten auch die in den Jahren 1972 und 1973 geschlüpften Jungtiere.

Nach Decoteau (1982) ist die Zucht des Hyazintharas in den USA mehrfach bei privaten Züchtern gelungen. Neben verschiedenen Naturbruten gelang es einem namentlich nicht genannten Liebhaber aus Ohio, mehrmals Jungtiere nach dem Schlupf von Hand großzuziehen. Als Aufzuchtfutter verwendete er ein Gemisch aus geschälten, zerkleinerten Sonnenblumenkernen, Hafermehl, geriebenen Möhren und Vitamin- und Mineralstoffzusätzen, welches mit Wasser verrührt und vor der Fütterung erwärmt

Hyazinthara
(A. hyacinthinus)

wurde. Nach Aussagen dieses Liebhabers sei die gesamte Entwicklungszeit der handaufgezogenen Jungtiere gegenüber Naturbruten wesentlich verkürzt (?).

In der Bundesrepublik Deutschland kam es im Vogelpark Walsrode 1981 zur Eiablage bei den Hyazintharas (Robiller u. Trogisch 1982 b).

Im April legte das Weibchen ein einzelnes Ei, welches jedoch bei der zweiten Nestkontrolle zerstört aufgefunden wurde. Zu einer weiteren Eiablage kam es bisher nicht.

Die Tiere bewohnten eine Voliere mit den Maßen 6 × 2,5 × 2,5 m; die Nisthöhle hatte einen Innendurchmesser von 40 cm bei einer Höhe von 80 cm; der Durchmesser des Einschlupfloches betrug 12 cm.

Die Gewichtsentwicklung zweier Jungtiere des Hyazintharas bei Handaufzucht kann der folgenden Tabelle entnommen werden:

Alter	Gewicht A	Gewicht B
Schlupfgewicht	18,6 g	
14 Tage	156 g	189 g
21 Tage	302 g	347 g
28 Tage	464 g	533 g
35 Tage	659 g	668 g
42 Tage	643 g (?)	–

Bemerkenswert war das Verhalten der adulten Vögel kurz vor der Eiablage. Sobald die Aras den Tierpfleger kommen hörten, verschwand das Weibchen ohne Lautäußerung im Nistkasten, während der Hahn sich vor dem Einschlupfloch festklammerte, um so den Eingang zu sichern.

Als das Ei im Kasten lag, zeigten beide Vögel ein anderes Verhalten. Sie verschwanden nun bei Störungen beide in der Nisthöhle und das Männchen führte innen vor dem Schlupfloch drohende pendelnde Kopfbewegungen aus und zeigte damit seine Verteidigungsbereitschaft an.

Weiterhin erwähnenswert ist die Verfärbung der unbefiederten Kopfpartien beim Weibchen kurz vor der Eiablage. Die gelb-orange gefärbten Augenringe und der Bereich an der Basis des Unterschnabels bekamen für längere Zeit eine blaßgelbliche Farbe.

Mischlingszuchten: Seit 1965 brüten in einem Vogelpark in Salt Lake City, USA, zwei Mischlingspaare zwischen *A. hyacinthinus* und *A. ararauna* sowie *A. hyacinthinus* und *A. macao.*

Die Jungtiere aus der zuerst genannten Verpaarung gleichen in Größe und Statur dem Hyazinthara, weisen jedoch eine gelbgefärbte Unterseite auf (Low 1980).

2. **Glaucous-Ara** Meerblauer Ara
Glaucous Macaw
Anodorhynchus glaucus (Vieillot) 1816

Beschreibung: Gesamtlänge 72 cm; Grundgefiederfarbe grünlich-blau; mehr grünlich an der Unterseite; Kopf und Nacken mit gräulich-grünem Anflug; Kehle dunkel graubraun; Schwanzoberseite grünlich-blau, Schwanzunterseite dunkelgrau; unbefiederter Augenring gelb; unbefiederte Region an der Basis des Unterschnabels gelblichweiß; Schnabel grau-schwarz. Iris dunkelbraun; Füße dunkelgrau;
Jungtiere: bisher nicht beschrieben.

Verbreitung: Paraguay, NO-Argentinien und NW-Uruguay; früher auch im äußersten Süd-Osten Brasiliens.

Freileben: Der Glaucous-Ara ist ein äußerst seltener Vogel, der in Teilen seines ursprünglichen Verbreitungsgebietes bereits ausgestorben ist. Wegen seines schwer zugänglichen Biotops liegen über die Lebensgewohnheiten dieser Art keine detaillierten Veröffentlichungen vor.

Die letzten Freilandbeobachtungen gelangen vermutlich um 1960 im Nord-Osten Argentiniens, wo er Wälder und Palmenhaine als Habitat bevorzugte.

Decoteau (1982) spricht von der Existenz kleiner Restbestände in Uruguay, während Low (1982) die Art für ausgestorben hält.

Vom Glaucous-Ara *(A. glaucus)* liegen aufgrund seiner Seltenheit keine Fotos vor, so daß an dieser Stelle auf eine Zeichnung zurückgegriffen werden mußte.

A. glaucus

Haltung: Im vergangenen Jahrhundert wurde der Glaucous-Ara in verschiedenen europäischen Tiergärten gehalten. Nach Ruß (1882) gelangte er 1860 in den Zoo von London, 1868 nach Amsterdam und 1878 nach Hamburg zu Hagenbeck.

Die einzigen Hinweise auf eine Gefangenschaftshaltung in neuerer Zeit finden sich bei Decoteau. Der Autor berichtet von einem namentlich nicht genannten europäischen Liebhaber, der ein Paar dieser Blauaras besitzt.

Als Futter erhalten diese Tiere eine Mischung aus Putenaufzuchtfutter, Quark und Kleinsämereien; mit heißem Wasser werden die Bestandteile zu einem Brei verrührt, der den Vögeln zweimal täglich, frisch zubereitet, angeboten wird.

Zucht: Das Paar des oben erwähnten Liebhabers hat in den vergangenen Jahren eine größere Anzahl von Jungtieren erbrütet und selbständig großgezogen; der Züchter hofft, mit diesen Vögeln einen gesunden Stamm aufbauen zu können. Die Nestlingszeit betrug bei jeder Brut 120 Tage (!).

3. Lear's Ara
Lear's Macaw
Anodorhynchus leari (Bonaparte) 1856

Beschreibung: Gesamtlänge 75 cm; Kopf, Nacken, Brust- und Bauchbereich grünlich-blau; Federn im Bauchbereich mit hellen Spitzen; Rücken, Flügel und Schwanzoberseite kobalt-blau; Schwanzunterseite dunkelgrau; unbefiederter Augenring gelb; unbefiederte Region an der Basis des Unterschnabels hellgelb; Schnabel grau-schwarz; Iris dunkelbraun; Füße dunkelgrau.
Jungtiere: bisher nicht beschrieben.

Unterarten: Die systematische Stellung des Lear's Ara ist umstritten; manche Autoren betrachten ihn als Unterart des zuvor beschriebenen *Anodorhynchus glaucus,* andere halten ihn für einen Mischling aus *Anodorhynchus hyacinthinus* × *Anodorhynchus glaucus.*

Forshaw (1973) räumt diesem Blauara den Status einer selbständigen Art ein, wobei er das nahe verwandtschaftliche Verhältnis zu *glaucus* betont. Er trennt jedoch beide Arten exakt von *hyacinthinus.*

Verbreitung: Die Art ist nur vom Grenzgebiet zwischen Pernambuco und Bahia in NO-Brasilien bekannt (Sick 1960). Weitere Verbreitungsangaben liegen bisher nicht vor.

Freileben: Freilandbeobachtungen des Lear's Ara sind bisher kaum gelungen. Nach mehrjähriger Suche entdeckte der deutschstämmige Ornithologe Helmut Sick zusammen mit seinem Schüler Dante M. Teixeira zum Jahreswechsel 1977/78 eine kleine Schar dieser seltenen Art in einem schwer zugänglichen Naturschutzgebiet im Osten von Brasilien (Raso de Catarina, NO-Bahia). Die Anzahl der gesichteten Vögel betrug etwa 20.

Lear's Ara (*A. leari*). Leider kommt die grünlich-blaue Gefiederfärbung im Kopf-, Brust- und Bauchbereich bei diesem Foto nicht zur Geltung. Auch die lila-braune Kehlzeichnung wirkt hier ein wenig unecht.

Als Beweis für das Auffinden dieser „mysteriösen" Araart mußte zwangsläufig ein Exemplar geschossen werden, welches nun (als erster, aus freier Wildbahn entnommener Vogel) als Präparat die Balgsammlung des Museu Nacional, Rio de Janeiro, Brasilien, bereichert (Sick, 1979a, b, 1980, 1982/83, Sick und Teixeira 1980, Hoppe 1983).
Für die Lösung dieses „größten Rätsels in der Ornithologie Südamerikas (nicht nur Brasiliens)" (Sick briefl.) erhielt Professor Sick auf dem 1. Ibero-amerikanischen Ornithologen-Kongreß in Buenos Aires die Goldmedaille für Brasilien.
Um zu vermeiden, daß sich nach Bekanntwerden des genauen Verbreitungsgebietes nun der Tierhandel gezielt auf den Lear's Ara stürzte, wurden die Grenzen des seit 1975 bestehenden Naturschutzgebietes durch die Secretaria do Meio Ambiente ausgeweitet. Darüber hinaus stellte die SEMA einen Wächter ein, der speziell die neuentdeckte Arapopulation zu bewachen hatte (Sick, 1982/83).

Haltung: Der Lear's Ara ist in der Vergangenheit gelegentlich mit dem Hyazinthara verwechselt worden. Er kann jedoch aufgrund von Gefiederfärbung und Größe exakt von diesem unterschieden werden. Für die Papageienliebhaber hat dieser Blauara keinerlei Bedeutung, zumal er nur äußerst selten in Einzelexemplaren zusammen mit Hyzinthara-Importen nach Europa kommt. Gelangt ein solcher Vogel dann in den Handel, wechselt er in der Regel für astronomische (fünfstellige) Summen den Besitzer.

In früheren Zeiten fand man den Lear's Ara häufiger in einem zoologischen Garten. Beispielsweise kam er 1880 nach London, 1883 nach Berlin und 1893 nach Hamburg (de Grahl 1974). Auch Sick (1960) bezeichnet diesen Ara als „verkleinertes Abbild des Hyazintharas, der in fast allen größeren zoologischen Gärten der Erde lebend gezeigt wird".

Zur Zeit leben diese seltenen Aras jedoch nur in wenigen (nach Low 1982, in sechs) Kollektionen außerhalb ihrer brasilianischen Heimat, wo sie sorgfältig betreut und wie Schätze gehütet werden.

Einzeltiere oder Paare befinden sich im Vogelpark Birdlang, England, im Zoo von San Diego, Kalifornien, im Parrot Jungle, Miami, im Bush-Garden, Tampa, sowie in Deutschland im Vogelpark Walsrode.

Decoteau (1982) berichtet von insgesamt elf Vögeln (einschließlich der Exemplare von San Diego, Miami und Tampa), die in den USA gehalten werden. Die Existenz weiterer Tiere in Europa oder anderswo ist nicht auszuschließen.

Zucht: Die vermutlich erste Gefangenschaftsvermehrung des Lear's Ara gelang im Juli 1982 im Tampa-Bush-Garden, Florida. Der Hahn war eine Leihgabe des Parrot Jungle, Miami. Unmittelbar nach dem Schlupf wurde das Jungtier nach Miami gebracht und dort von Mr. und Mrs. Sheer, den Besitzern des Parrot Jungle, von Hand aufgezogen.

Im September des gleichen Jahres schlüpfte aus einem weiteren Gelege ein zweites Küken, welches von den Eltern aufgezogen wurde.

Lear's Ara *(A. leari)* in einem zoologischen Garten. Die Einzelhaltung an der Kette ist bei diesem seltenen Vogel scharf zu verurteilen.

Im Zoo Amersfoort hatte sich dieser Lear's Ara an einen Gelbbrustara angeschlossen.
Inzwischen wurde das Tier für Zuchtversuche an den Vogelpark Walsrode weitergegeben.

Lear's Ara *(A. leari)* am Eingang zur Bruthöhle, aufgenommen bei einem Züchter in Brasilien.

Genus: *Cyanopsitta* (Bonaparte) 1854

Die Gattung besteht aus nur einer Art mit überwiegend blauer Gefiederfärbung. Mit Ausnahme von Zügel und Augenring ist die Gesichtspartie – im Gegensatz zur Gattung *Ara* – vollständig befiedert.

Bei der taxonomischen Einordnung dieser Art gehen die Meinungen der Systematiker auseinander. Von Boetticher (1964) ordnet sie den eigentlichen Aras der Gattung *Ara* zu, während Forshaw (1973) und Wolters (1975) ihr den Status einer eigenen Gattung zubilligen.

Die Art ist seit Jahren vom Aussterben bedroht und durch das Washingtoner Artenschutz-Übereinkommen geschützt.

1. Spix's Blauara
Spix's Macaw
Cyanopsitta spixii (Wagler) 1832

Beschreibung: Gesamtlänge 56 cm; Grundgefiederfarbe kobaltblau, dunkler an Rücken, Flügeln und Schwanzoberseite; Stirn und Ohrgegend grau mit blauem Anflug; Scheitel und Nacken grau-blau; grünlicher Hauch im Bauch- und Brustbereich; Schwanzunterseite dunkelgrau; unbefiederter Zügel und Augenring schwarz; Schnabel grau-schwarz; Iris gelb; Füße dunkelgrau.
Jungtiere: Grundgefiederfarbe dunkler als bei adulten Vögeln; kürzerer Schwanz; Schnabel grau-schwarz mit hornfarbenen Partien am Oberschnabel.

Unterarten: Keine.

Verbreitung: Ost-Brasilien, in den Provinzen Piaui und Parnaguá.

Freileben: Naturbeobachtungen über den seltenen Spix's Ara liegen bis heute kaum vor.

1820 wurde er von Dr. Spix auf einer Forschungsreise ins östliche Brasilien entdeckt; erst 1903, beinahe 100 Jahre später, sichtete Reiser (zit. nach Forshaw 1973) erneut wenige Exemplare in der Provinz Parnaguá, Brasilien. Als Lebensraum scheint er Palmenhaine zu bevorzugen.

Junger Spix's Ara *(Cyanopsitta spixii)*, aufgenommen in einer privaten Papageienkollektion in Singapur. Der dunkle Augenirisring und die helle Schnabelpartie kennzeichnen den Vogel als Jungtier.

Haltung: Nur wenige Exemplare dieser äußerst seltenen Araart sind in Gefangenschaft außerhalb ihrer brasilianischen Heimat zu finden.

1878 gelangte das erste Exemplar in den zoologischen Garten London; zwei weitere Tiere lebten um 1927 im Paignton-Zoo, England.

In den USA erhielt Karl Plath 1928 einen Jungvogel, der mit beschnittenen Schwungfedern auf einem Kletterbaum gehalten wurde. Er verfügte über eine große Nachahmungsbegabung und konnte mehrere Worte und kleinere Sätze deutlich wiedergeben.

In Europa befinden sich zur Zeit vermutlich Spix's-Aras nur im Vogelpark Walsrode, im Zoo von Neapel und bei einem belgischen Liebhaber.

Die einzige Art der Gattung *Cyanopsitta* bildet der Spix's Ara *(C. spixii)*. Manche Systematiker halten die Art für eine Übergangsform zwischen den Gattungen *Anodorhynchus* und *Ara*.

Der Vogelpark Walsrode konnte 1975 zwei Jungtiere erwerben, die allerdings noch zwei Monate von Hand gefüttert werden mußten. 1978 starb das männliche Tier bei der Balz. Erst Ende 1982 gelang es, das Paar wieder zu vervollständigen. Der englische Tierarzt Georg A. Smith, Petersborough, der über einen einzelnen zahmen Vogel verfügte, überstellte dem Park in Walsrode sein Tier als Leihgabe in Zuchtgemeinschaft (Robiller und Trogisch 1982).

Der frühere jugoslawische Staatspräsident Josip Tito hatte vier Spix's-Aras in seiner Privatkollektion. Leider ist über den Verbleib der Vögel nichts bekannt.

Den Angaben von Decoteau (1982) zufolge leben in Belgien ein Paar und in den USA wenigstens drei Paare dieser Araart, die alle erfolgreich brüten.

1979 gelangten in England zwei Tiere zum Verkauf, die zu einem Stückpreis von umgerechnet 22 000,– DM angeboten wurden.

Zucht: Decoteau spricht von gelungenen Gefangenschaftsvermehrungen des Spix's-Aras in Belgien, Deutschland (!) und den USA. Leider sind seinen Angaben keine näheren Einzelheiten zu entnehmen.

Das Paar des von ihm angeführten belgischen Liebhabers (dessen Namen er aus Sicherheitsgründen verschweigt) hat in den vergangenen sechs Jahren (zwischen 1976 und 1981) insgesamt 18 Jungtiere großgezogen.

Genus: *Ara* (Lacépède) 1799

Die Gattung *Ara* besteht aus 13 rezenten Vertretern, deren Gesamtlänge zwischen 30 cm *(A. nobilis)* und 90 cm *(A. chloroptera)* variiert.

Allen gemeinsam ist die zumeist nicht oder nur spärlich befiederte Wangenhaut und der lange, abgestufte Schwanz. Die ehemalige Verbreitung der Gattung auf den Westindischen Inseln steht außer Frage; mit Ausnahme des Kuba-Aras *(A. tricolor)* steht jedoch nicht eindeutig fest, ob diese Vertreter nicht mit rezenten Species identisch waren. Die im systematischen Teil genannten ausgestorbenen „Formen" sind nicht mit Sicherheit nachweisbar.

1. Gelbbrustara

Goldbrustara, Blau-Gelber Ara, Ararauna
Blue and Yellow Macaw
Ara ararauna (Linné) 1758

Beschreibung: Gesamtlänge: 86 cm; Oberseite und Oberschwanzdecken mittelblau; Stirn und Scheitel grün-oliv; weißliche Wangenhaut, befiedert mit einigen Reihen schwärzlich-grüner Federchen; Hals schwarz, mit grünlich gefärbter Begrenzung; Ohrgegend, Halsseiten und übriger Unterkörper gelb-orange; Schwanz- und Flügelunterseiten gold-oliv; Schnabel schwarz-grau; Iris gelb; Füße dunkelgrau; Krallen schwarz.
Jungtiere: In allen Farben verwaschener; Gestalt kleiner; dunkle Iris; heller Schnabel, der sich nach ca. 15 Tagen dunkel färbt (Linn 1978).

Verbreitung: Vom östlichen Panama bis Ecuador und möglicherweise Nord-Peru; Ost-Venezuela, vornehmlich südlich des Orinoco, bis Guayana und zur Insel Trinidad; südlich durch Brasilien bis Bolivien, Paraguay und wahrscheinlich Nord-Argentinien.

Unterarten: Die neuere Systematik erkennt bei *A. ararauna* keine weiteren Rassen an.

Die umstrittene „Form" *A. glaucogularis* wurde zuweilen als Unterart des Gelbbrustaras angesehen; die aktuelle wissenschaftliche Forschung stellt jedoch aufgrund von Vergleichen der äußeren Erscheinung, des Verhaltens und der Lautäußerungen die Wertigkeit des Blaukehlaras als selbständige Art nicht mehr in Frage (vgl. Ingels u. a. 1981; Reinhard 1982).

Von allen Araarten hat der Gelbbrustara *(A. ararauna)* das größte Verbreitungsgebiet auf dem südamerikanischen Subkontinent. Das Fehlen geographischer Schranken hat eine Rassenbildung verhindert.

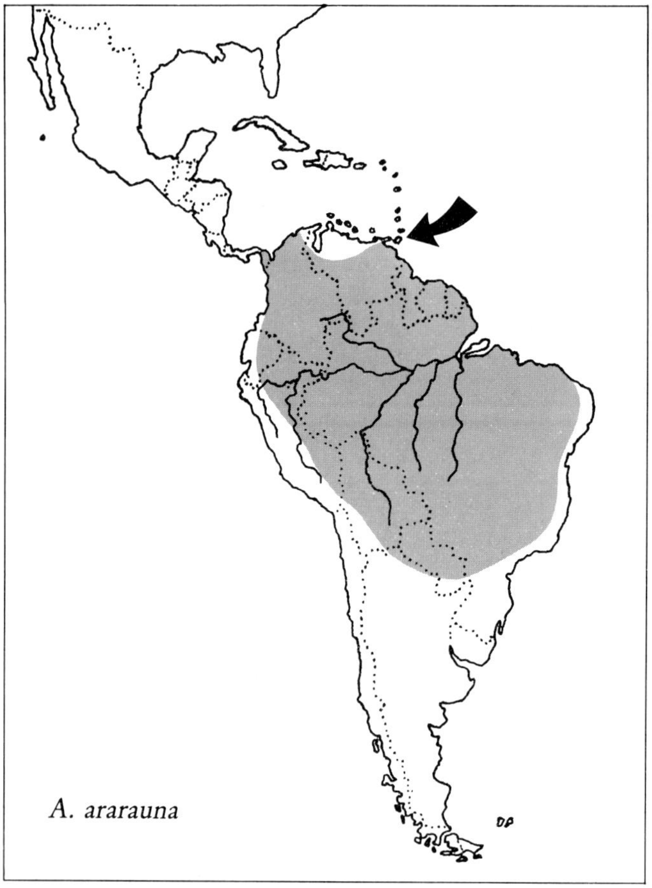

Freileben: Gelbbrustaras bewohnen Wälder in unmittelbarer Nähe von Flußläufen oder mit Palmen bewachsene Sumpfgebiete. In gewisser Weise kann man sie als Teilstreckenzieher betrachten, die ihren Standort nach dem jeweiligen Futterangebot richten; zwischen Schlaf- und Futterplätzen wurden Entfernungen von maximal 25 km nachgewiesen.

Man trifft die Tiere stets paarweise an; selbst wenn sie sich außerhalb der Brutzeit zu größeren Schwärmen zusammenschließen, fliegen die Paare dicht beieinander und lassen den engen Zusammenhalt erkennen.

Die größeren Ara-Familien haben feste Schlafplätze, die sie am frühen Morgen verlassen, um gemeinsam der Futtersuche nachzugehen. Nach und nach erheben sich alle Tiere des Schwarmes in die Luft und fliegen mit lautem Gekreische oberhalb der Baumkronen zu ihren bevorzugten Futtergebieten. Kurz vor Sonnenuntergang kehren sie allabendlich zurück. Ihr Flug ist geradlinig und trotz der weichen, langsamen Flügelschläge sehr schnell.

Die Aras ernähren sich von Früchten, Beeren, Nüssen und Grünpflanzen aller Art, wobei sie offenbar den Früchten verschiedener Palmenarten (vor allem der Gattungen *Mauritia, Oreodoxa, Astrocaryum, Bactris* und *Maximilianea)* den Vorzug geben.

Darüber hinaus wurden in den Kröpfen mehrerer Tiere Samen eines Wolfsmilchgewächses *(Hura crepitans)* gefunden.

In allen Teilen ihres Verbreitungsgebietes liegt der Beginn der Brutzeit in den Monaten Februar bis April. Lediglich in Guayana ist der Zeitpunkt variabel und wird durch Regen- und Trockenzeiten sowie durch das Futterangebot bestimmt. Die brutwilligen Paare sondern sich von den Familienverbänden ab und ziehen in ein geeignetes Brutrevier.

Die Nistplätze befinden sich in der Regel in den natürlichen Höhlungen abgestorbener Palmen.

Haltung: Aufgrund seines riesigen Verbreitungsgebietes gelangt der Ararauna ständig in gewissen Stückzahlen nach Europa, wo er vor allem als Schauvogel in zoologischen Gärten, aber auch hin und wieder bei privaten Liebhabern zu finden ist. Die Tiere kommen oft in halbzahmem Zustand zu den Importeuren. Es sind recht harte und ausdauernde Vögel, die die Strapazen der gesetzlichen Quarantäne gut überstehen und bei der Eingewöhnung in der Regel keine Schwierigkeiten bereiten.

Als Einzelvogel gehalten, wird der Gelbbrustara – besonders als Jungvogel – zumeist schnell zahm und schließt sich eng seinem Pfleger an. Sein liebenswürdiges Wesen, sein Nachahmungsbedürfnis, seine Zutraulichkeit und nicht zuletzt sein herrliches Äußeres lassen ihn zu einem begehrten Hausgenossen werden, der von seinem Besitzer unermüdliche Geduld und ständige Zuwendung fordert, um zu einem ausgeglichenen Wesen werden zu können. Ein

Regenwald im Rio-Napo-Gebiet, Ost-Ecuador, Randzone des Verbreitungsgebietes des Gelbbrustaras *(A. ararauna).*

Liebhaber, der sich zur Einzelhaltung, die sicherlich auch aus Artenschutzgründen bedenklich erscheint, entschließt, sollte sich bewußt mit der Situation vertraut machen und sich seine damit verbundenen dauernden Verpflichtungen vor Augen führen. Als innenarchitektonisches Nonplusultra und Vermittler exotischen Flairs ist ein solches Tier sicher nicht geeignet.

Die Nachahmungsbegabung des Aras ist beachtlich, bleibt aber deutlich hinter der des afrikanischen Graupapageien zurück. De Grahl (1974) berichtet von einem Tier, das an die 60 Worte und Sätze wiedergeben konnte. Weitere Fälle sind in der Literatur belegt.

Zur Käfighaltung kann bei dieser Art auf Dauer wegen der unzureichenden Bewegungsmöglichkeiten nicht geraten werden. Nach der Eingewöhnungszeit, die in einer Zimmervoliere erfolgen kann, empfiehlt es sich, das Tier auf einem Freisitz in der Wohnung bzw. einem Kletterbaum im Garten bei guter Witterung unterzubringen. Dazu ist es jedoch in den meisten Fällen ratsam, den Tieren durch Beschneiden des Flügels vorübergehend die volle Flug-

Eine Störung der Pigmentierung hat bei diesem Gelbbrustara *(A. ararauna)* das normalerweise mittelblau gefärbte Flügel- und Rückengefieder deutlich verdunkelt.

Ara-Mischling *(A. ararauna × A. macao)* in einem amerikanischen Zoo.

fähigkeit zu nehmen, um ein Entweichen zu verhindern (siehe Kapitel: Pflege). Jede Flugbehinderung wird von dem Vogel sofort bemerkt und nach mehreren vergeblichen Versuchen wird er sich nicht mehr bemühen, den Kletterbaum zu verlassen.

Zuchtvögel benötigen eine geräumige Voliere, die bezüglich des verwendeten Baumaterials auf den starken Schnabel der großen Papageien abgestimmt sein muß.

Die Futternäpfe müssen aus unzerbrechlichem Material bestehen und sollen fest angebracht sein. Auf den Boden gestellte, unbefestigte Tonschalen zerstören die Vögel im Nu.

Die Hauptsitzstangen sollten zweckmäßigerweise aus Hartholz bestehen, um den Schnäbeln der Tiere für eine gewisse Zeit standhalten zu können. Daneben ist es jedoch angebracht, verschiedene Weichholzäste (Obstbaum, Weide) zu reichen, die dem Nagebedürfnis der Tiere entgegenkommen und der häufig aufkommenden Langeweile entgegenwirken.

Zucht: Zweifellos sind bei dieser Art die meisten Zuchterfolge erzielt worden.

In der älteren Literatur finden sich Hinweise auf gelungene Zuchten in den Jahren 1833 und 1892 (Frankreich), 1894 (Belgien), 1901 (CSSR), 1934 (Deutschland, Gruga Essen), 1934 (England) und verschiedene andere.

Auch in neuerer Zeit sind verschiedene Gefangenschaftsbruten bekanntgeworden. So gelang es Risdon (1965), Kirchhofer (1973) und Linn (1978), den Gelbbrustara zu vermehren. Weitere Erfolge und Teilerfolge, die nicht in der Literatur erwähnt sind, sind mir aus brieflichen und telefonischen Mitteilungen bekannt.

Allen Berichten zufolge beginnen die Gelbbrustaras im Alter von sechs bis sieben Jahren mit der Brut. Als Nistgelegenheit finden ausgehöhlte Baumstämme, hölzerne Weinfässer oder einfache Holzkisten Verwendung, die im Innenraum der Voliere untergebracht werden. Eine Einstreu aus Holzmulm hat sich bei den meisten Züchtern bewährt und sorgt für eine optimale Lagerung der Eier.

Das Gelege besteht in der Regel aus zwei, seltener aus drei Eiern, die eine durchschnittliche Größe von 46,4 × 35,9 mm aufweisen (Schönwetter 1964). Sie werden allein vom Weibchen bebrütet, während der Hahn neben der Henne im Nest hockt oder vor dem Schlupfloch Wache hält. Nach einer Brutzeit von durchschnittlich 25 Tagen schlüpfen die Jungtiere; sie sind nach de Grahl (1974) nur spärlich mit Flaum bedeckt und wiegen unmittelbar nach dem Verlassen des Eies 30 g. Linn (1978) bezeichnet die bei ihm geschlüpften Jungtiere nach der Geburt als vollständig nackt, ohne Flaumfedern. Ober- und Unterschnabel waren zunächst hell-hornfarbig und färbten sich nach dem 15. Lebenstag langsam dunkel. Am 25. Tag kamen die ersten Federkiele zum Vorschein, sechs Wochen später waren die Tiere vollständig befiedert und wiesen ein Gewicht von 1125 g und 1075 g auf. Nach insgesamt drei Monaten Nestlingszeit verließen die Jungen den Nistkasten und erlangten nach weiteren drei Wochen die Selbständigkeit.

Junge Gelbbrustaras im Alter von sechs Monaten unterscheiden sich nach Risdon und Linn nur durch die dunkle Färbung der Augen von adulten Tieren.

Die Mehrzahl der Liebhaber, denen die Zucht des Ararauna glückte, verfügen über geräumige Volieren mit angrenzendem heizbaren Schutzhaus.

Bemerkenswert erscheint die zeitweilige rosa-rote Färbung im Wangenbereich des Ararauna, die in der Vergangenheit oft als geschlechtsspezifisches Merkmal bzw. als Indikator für den Eintritt der Geschlechtsreife angesehen wurde. Beide Vermutungen können mittlerweile nicht mehr aufrechterhalten werden. Nach eigenen Beobachtungen weisen sowohl Hähne als auch Hennen, die endoskopiert wurden, gelegentlich diese Besonderheit auf; sie kann nicht als Unterscheidungsmerkmal der Geschlechter herangezogen werden.

Den Eintritt der Geschlechtsreife bzw. beginnende Brutlust signalisiert diese Erscheinung offenbar auch nicht, denn die von Kirchhofer gezüchteten Jungtiere zeigten unmittelbar nach dem Ausfliegen die beschriebene Tönung der Wangenhaut.

Mischlingszuchten: Gelegentlich kommt es in Gefangenschaft zu Kreuzungen verschiedener Araarten. Dies ist häufig in zoologischen Gärten zu beobachten, die mehrere Arten der farbenprächtigen Tiere in einer gemeinsamen Schauvoliere halten, wo die Vögel oft in Ermangelung eines geeigneten Artgenossen keine andere Wahl haben, als sich einem artfremden Partner anzuschließen.

So berichtet mir Dr. Vogt (briefl. Mitt.) über eine gelungene Kreuzung zwischen einem Gelbbrustara und einem Hellroten Ara im Krefelder Zoo. Die Tiere erbrüteten in einer größeren Gemeinschaftsvoliere 1973 zwei Jungtiere, die hinsichtlich der Gefiederfärbung ein Mischprodukt beider Ausgangsarten darstellten.

Eine Mischlingszucht zwischen einem Ararauna und einem Dunkelroten Ara gelang dem Ehepaar G. u. O. Amme, Bissendorf, im Jahre 1981 (vgl. Heemann 1983).

Das vermehrungsfreudigste Mischpaar – bestehend aus einem Gelbbrustara und einem Grünflügel (Dunkelroten) Ara – besitzt offensichtlich der zoologische Garten in Wuppertal. Dort wurden seit 1963 zahlreiche Jungtiere erbrütet und zum Teil von Hand aufgezogen. Eine detaillierte Beschreibung der Balz, Brut und Jungenaufzucht findet sich bei Haas (1977): In der Papageienfreianlage verpaarten sich 1961 zwei Tiere der obengenannten Arten. Bereits im Juni 1963 kam es zur Ablage eines befruchteten Dreiergeleges, welches den Tieren abgenommen und in

Blick in den Nistkasten eines Gelbbrustarapaares mit einem mehrere Wochen alten Jungvogel. Im Vordergrund ein unbefruchtetes oder abgestorbenes Ei.

einem Motorbrüter zur Entwicklung gebracht wurde (Temperatur 37,8 °C, Luftfeuchtigkeit 65 %).

Die jungen Aras schlüpften nach 25 bzw. 26 Tagen; sie hatten ca. 24 Stunden zuvor das Ei angepickt. Bei einem durchschnittlichen Eigengewicht der Eier von 30 g betrug das Schlupfgewicht der Jungvögel zwischen 25 und 26 g. Die Haltungstemperatur nach dem Schlupf betrug 33 bis 34 °C. Als Nahrung erhielten die jungen Papageien einen gekochten Futterbrei, der ihnen sechsmal am Tag, zwischen 6 und 22 Uhr, verabreicht wurde.

Nach insgesamt fünf Monaten war die Entwicklung der Tiere abgeschlossen; ihre Selbständigkeit erreichten sie jedoch erst im siebten Lebensmonat.

Seit 1964 brüten die Aras im Wuppertaler Zoo selbst und versorgen die Jungen bis zum Erreichen der Unabhängigkeit. Mittlerweile befinden sich dort an die vierzig Hybriden, die sich hinsichtlich der Gefiederfarbe und -zeichnung vollkommen gleichen. Aufgrund der bisher gewonnenen Erkenntnisse kann man davon ausgehen, daß bei einer Kreuzung der genannten Arten ein intermediärer Erbgang vorliegt.

Inzwischen haben sich einige dieser Hybriden miteinander verpaart und Eier gelegt; allerdings erwiesen sich bisher alle Gelege als nicht entwicklungsfähig (Bock, mdl. Mitt.).

In der Schweiz gelang 1982 ebenfalls die Kreuzung von Grünflügelara und Ararauna bei M. Meier in Horgen (vgl. Handschin 1982).

Die von Meier (briefl. Mitt.) vorgeschlagene Bezeichnung „Paradiesara" kann an dieser Stelle jedoch nicht kritiklos übernommen werden. Wenn auch ein Zuchterfolg bei Großaraarten nur selten gelingt, sollte man doch nicht vergessen, daß es sich in diesem Fall um eine Mischlingszucht handelt, deren arterhaltender Wert umstritten ist. Einen solchen Hybriden mit einer Namensneuschöpfung versehen zu wollen, erscheint mir – zumindest für den Anfänger – irritierend.

Über eine intergenerische Verpaarung von *A. ararauna* × *A. hyacinthinus* in einem Vogelpark in den USA berichtet Low (1980).

2. **Blaukehlara** früher: Caninde-Ara
Blue-throated Macaw
früher: Caninde Macaw
Ara glaucogularis (Dabbene) 1921
früher: *Ara caninde*

Beschreibung: Gesamtlänge: 85 cm; Oberseite einschließlich Vorderkopf und Stirn grünlich-blau (in deutlichem Unterschied zum Mittelblau des Ararauna); Wangenregion kleiner als bei *ararauna* und besetzt mit dichtstehenden dunkelgrünen Federfluren; Kehlfleck dunkelblau; Unterseite orange-gelb bis rötlich-gelb (Reinhard 1982); Flügelunterseiten orange-gelb; Schwanzoberseite blau; Schwanzunterseite gelb-oliv; Schnabel schwarz-grau; Füße dunkelgrau.

Verbreitung: Bolivien (Distrikt Buenavista), Paraguay und Nord-Argentinien.*

Unterarten: Der Blaukehlara wurde bis zu Beginn der siebziger Jahre verschiedentlich noch als Unterart des zuvor beschriebenen Ararauna aufgefaßt (de Grahl 1974, Low 1972).

Namhafte Ornithologen vertreten mittlerweile die Ansicht, es müsse sich bei *glaucogularis* um eine eigenständige Art handeln (Forshaw 1973, Ingels et al. 1981, Wolters 1975).

Dr. R. Burkard, Baar, Schweiz, der seit geraumer Zeit zwei Paare dieser Art pflegt, teilte mir brieflich mit, aufgrund von Färbung, Schnabelform, Beschaffenheit der Federfluren auf den Wangen, Stimmäußerung sowie sich überschneidender Verbreitungsgebiete könne es sich bei *glaucogularis* nur um eine eigene (von *ararauna* deutlich verschiedene) Art handeln.

Auch Reinhard (1982) weist auf die Verschiedenartigkeit der Stimmäußerungen beider Arten hin. Demnach schreit der Blaukehlara in gleichen Situationen mit höherer Stimme als der Gelbbrustara.

Weiterhin erwähnt er die von Forshaw untersuchten Museumsexemplare von *ararauna* und *glaucogularis* (im Carnegie-Museum, Pittsburgh), die eindeutig aus demsel-

* Nach aktuellen Angaben von Ridgely (1980) liegt der Lebensraum des Blaukehlaras in Bolivien, in der Nähe der Stadt Trinidad.

ben Gebiet in Bolivien (Distrikt Buenavista) stammen und belegen, daß beide Formen zumindest in Teilen ihres Verbreitungsgebietes parallel nebeneinander vorkommen. Tiergeographisch spricht die kongruente Verbreitung nahe verwandter Formen ohne erkennbare Übergänge für das Vorhandensein von Arten und nicht von Unterarten.

A. glaucogularis

Haltung: Haltungserfahrungen mit dem Blaukehlara liegen nur in sehr begrenztem Umfang vor, zumal Importe als äußerst selten zu bezeichnen sind.

In der Bundesrepublik Deutschland befindet sich diese Art meines Wissens nur im Vogelpark Walsrode und im zoologischen Garten Berlin, wo man derzeit ein endoskopiertes Paar pflegt. Weiterhin hält Dr. R. Burkard, Schweiz, zwei Paare (briefl. Mitt.) sowie Herr Kiessling in Teneriffa. Die Existenz weiterer Blaukehlaras in Europa ist nicht auszuschließen, zumal 1982 im Anzeigenteil einer einschlägigen Fachzeitschrift Tiere dieser Art angeboten wurden.

R. Reinhard, Zoo Berlin, teilte mir Einzelheiten zur Haltung des Blaukehlaras mit, die dort an insgesamt drei Exemplaren gesammelt wurden. Bei der Eingewöhnung waren die Tiere wesentlich sensibler als Gelbbrustaras. Sowohl die Gewöhnung an die neue Umgebung als auch an die Nahrung dauerte länger als bei anderen Aras, eine Erfahrung, die von einem südamerikanischen Exporteur bestätigt wird. Bei ihm legten die frischgefangenen Blaukehlaras ihr ungestümes Wesen in der Anfangszeit wesentlich später ab als die zur gleichen Zeit gefangenen Araraunas.

Nach der Eingewöhnung unterscheiden sie sich bezüglich der Ernährung und Pflege nicht mehr von anderen Araarten.

Zucht: Die Zucht des Blaukehlaras gelang bisher vermutlich nur der südafrikanischen Züchterin Gill du Venage, Transvaal. In den letzten drei Jahren konnten dort vier Jungtiere aufgezogen werden (Hayward, 1983).

3. Kleiner Soldatenara
Military Macaw
Ara militaris (Linné) 1766

Beschreibung der Nominatform: Gesamtlänge: 70 cm; Grundgefiederfarbe grün mit olivem Anflug auf Rücken und Flügeln; Kopf heller grün als die übrigen Partien mit bläulichem Schimmer am Hinterkopf; Stirn rot; fleischfarbige Wangenhaut, befiedert mit einigen Reihen schwärzlich-grüner Federchen; Kehlfleck braun-oliv; Bürzelgefieder, Rücken und Steißgefieder hellblau, große Flügeldecken hellblau; Schwanzoberseite braun-rot, stellenweise mit bläulicher Einfärbung; Schwanz- und Flügelunterseiten gelb-oliv; Schnabel grau-schwarz; Iris gelb; Füße schwarz-braun.
Jungtiere: In allen Farben matter.

Unterarten: Forshaw erkennt drei Unterarten mit räumlich getrenntem Verbreitungsgebiet an. Sie unterscheiden sich in der Größe und Färbung in geringem Maße voneinander.

Lange war die systematische Stellung des Blaukehlaras *(A. glaucogularis)* nicht restlos geklärt. Mittlerweile betrachten ihn alle Taxonomen jedoch als selbständige Art.

1. *Ara militaris militaris* (Linné)

Verbreitung: Tropische Zonen von Kolumbien bis zum nordwestlichen Teil von Venezuela; südlich bis zum östlichen Ecuador und nördlichen Peru.

2. *Ara militaris mexicana* (Ridgway)

Beschreibung: Ähnelt der Nominatform, nur größer.

Verbreitung: Mexico, mit Ausnahme der Regenwaldzonen.

3. *Ara militaris boliviana* (Reichenow)

Beschreibung: Wie *militaris,* jedoch Kehlfleck rot-braun; Federn in der Ohrgegend mit rötlichem Ansatz.

Verbreitung: Tropische Zonen von Bolivien und äußerster Nord-Westen Argentiniens.

Freileben: Der Kleine Soldatenara bewohnt vornehmlich Trockenwälder und offenes Buschland in Dürrezonen; man sieht ihn gleichermaßen an Berghängen in den Küstenregionen als auch in Kiefern- und Eichenwäldern bis zu einer Höhe von 2500 m.

Die tropischen Regenwaldzonen meidet er in der Regel; seine ökologische Funktion wird dort vom Hellroten Ara *(Ara macao)* übernommen.

In Teilen seines Habitats ist er noch häufig anzutreffen, sein Bestand ist jedoch – ebenso wie der anderer Großaraarten – durch Abschuß und Fang von Jungtieren in weiten Gebieten deutlich zurückgegangen.

Kleine Soldatenaras sind Teilzieher, die ihren jeweiligen Standort nach dem zur Verfügung stehenden Futterangebot richten. In Flügen von 10 bis 30 Tieren verlassen sie unmittelbar nach Sonnenaufgang ihre Schlafplätze, um gemeinsam der Futtersuche nachzugehen.

Neben verschiedenen Samen, Knospen und Beeren scheinen sie den Früchten von Feigenbäumen den Vorzug zu geben.

Die Brutzeit liegt – je nach Verbreitungsgebiet – zwischen März und Juni. Das Nest befindet sich in einer Baumhöhlung eines abgestorbenen Baumes (vermutlich *Pinus*-Species). Fleming und Baker (zit. nach Forshaw 1973) berichten von Holzfällern, die in einem Baum ein Ara-Nest fanden, welches zwei zerbrochene Eier enthielt. Die Brutkammer, die ursprünglich von Spechten ausgehöhlt worden war, hatte einen Innendurchmesser von 33 cm und befand sich in einer Höhe von etwa 20 m vom Boden. Die Nestunterlage bestand aus groben Holzspänen.

Haltung: Bei den Liebhabern und in den zoologischen Gärten ist der Kleine Soldatenara nur selten anzutreffen.

Den Angaben von Decoteau (1982) zufolge sind Kleine Soldatenaras als Stubenvögel gut geeignet; sie haben ein äußerst angenehmes, liebenswürdiges Wesen und eine gute Nachahmungsbegabung. Darüber hinaus werden sie wegen ihrer Gelehrigkeit gelegentlich von Artisten für zirzensische Darbietungen trainiert.

Als Volierenvögel benötigen Kleine Soldatenaras einen großen Flugraum mit anschließendem Schutzhaus; beim Bau darf weder Holz noch anderes „weiches" Material Verwendung finden, denn gerade diese Aras gehören zu den ärgsten „Nagern" innerhalb ihrer Gattung.

Die Lautäußerungen dieser Art übertreffen die der anderen Großaraarten bei weitem; Zuchtpaare können daher nur in ländlichen Gegenden ständig in Freivolieren gehalten werden. In dichter besiedelten Gegenden empfiehlt es sich – mit Rücksicht auf die Nachbarschaft –, den Tieren nur stundenweise den Aufenthalt im Außenflug zu gestatten.

Im folgenden seien noch die Erfahrungen wiedergegeben, die Ruß (1882) mit dieser Araart gemacht hatte:

„Gegenwärtig sieht man ihn zuweilen in den Vogelhandlungen und auf den Ausstellungen; die bedeutenderen zoologischen Gärten besitzen ihn sämtlich, und er zeigt sich dort sehr ausdauernd, denn in Frankfurt a. M. lebte ein Soldatenara gegen 15 Jahre. Im Hamburger Garten sitzt einer unangekettet auf der Stange, und es fällt ihm nicht ein, dieselbe zu verlassen. Bei den Großhändlern kommen die rotstirnigen Aras in außerordentlich verschiedener Größe vor, und die Systematiker haben ihn daher auch in zwei Arten geschieden. Für die Liebhaberei hat dies jedoch keine Bedeutung, allenfalls kann man nach dem Geschmack einen Großen oder Kleinen Soldatenara einkaufen."

Zucht: Der Kleine Soldatenara ist bisher nur selten in Gefangenschaft vermehrt worden.

1963 gelang die Aufzucht von Jungtieren dieser Araart im Wellington-Zoo, Neuseeland, 1964 im Fort-Worth-Zoo, Texas, 1974 und 1975 im Ostberliner Zoo, Deutschland, 1978 im Bush-Gardens, Florida, sowie bei P. V. Springmann in Texas. Darüber hinaus nennt Decoteau (1982) weitere Liebhaber in den USA, die in den vergangenen Jahren Zuchterfolge zu verzeichnen hatten.

Das Gelege besteht in der Regel aus zwei, seltener aus drei Eiern, die eine durchschnittliche Größe von 46,4 × 32,8 mm aufweisen. Die genaue Brutzeit konnte bisher nicht ermittelt werden, sie beträgt jedoch vermutlich 25 bis 27 Tage. Die jungen Soldatenaras verlassen die Nisthöhle voll befiedert im Alter von 11 bis 14 Wochen.

Mischlingszuchten: Kreuzungen zwischen dem Arakanga und dem Kleinen Soldatenara sowie zwischen Grünflügel- und Kleinem Soldatenara sind in der Vergangenheit in verschiedenen zoologischen Gärten und Vogelparks geglückt.

Großer Soldatenara, vermutlich südliche Unterart *(A. a. guayaquilensis).*

Kleiner Soldatenara, bolivianische Unterart *(A. m. boliviana),* die sich von der Nominatform vor allem durch einen rötlich-braunen Kehlansatz unterscheidet.

Kleiner Soldatenara *(A. militaris,* Nominatform) und Grünflügelara *(A. chloroptera).*

Besonders kräftiges Exemplar des Großen Soldatenaras *(A. ambigua,* rechts), neben dem der Gelbbrustara *(A. ararauna)* relativ klein wirkt.

Deutlich ist hier der Größenunterschied zwischen beiden Soldatenaraarten zu sehen (l. *militaris*, r. *ambigua*).

4. Großer Soldatenara

Buffon's Macaw

Ara ambigua (Bechstein) 1811

Beschreibung der Nominatform: Gesamtlänge: 85 cm; Grundgefiederfarbe grün, ähnlich wie *A. militaris*, jedoch heller mit einem gelblichen Anflug; Stirn scharlachrot; Unterrücken und Spitzen der Oberschwanzdecken hellblau; oberer Bereich der Schwanzdecken bräunlich-rot; Schwanz- und Flügelunterseiten gelb-oliv; Federfluren im ansonsten unbefiederten, weißlichen Wangenbereich schwarz; Schnabel grau; zur Spitze hin heller werdend; Iris gelb; Füße grau.
Jungtiere: in allen Farben matter; Schwanzfedern mattgelb gesäumt; Iris braun.

Unterarten: Die Systematiker erkennen bei *A. ambigua* zwei Rassen an, die sich nur unwesentlich voneinander unterscheiden.

1. *Ara ambigua ambigua* (Bechstein)

Verbreitung: Von Nicaragua durch Costa Rica und Panama bis West-Kolumbien.

2. *Ara ambigua guayaquilensis* (Chapman)

Beschreibung: Ähnelt der Nominatform; Schnabel kleiner als bei Ambigua; Schwanz- und Flügelunterseiten grünlich.

Verbreitung: West-Ecuador und möglicherweise Südwest-Kolumbien; die Verbreitungsgebiete beider Unterarten überschneiden sich vermutlich nicht.

Freileben: Der Große Soldatenara bevorzugt als Lebensraum Wälder der Tropen und Subtropen bis zu einer Höhe von 650 m NN. Im Gegensatz zu früher findet man ihn heute nur noch selten in der Nähe menschlicher Ansiedlungen.

Im Nord-Osten Nicaraguas sowie in Costa Rica überschneidet sich sein Verbreitungsgebiet mit dem des Hellroten Aras *(Ara macao)*.

Kleiner Soldatenara, vermutlich Nominatform
(A. militaris)

Großer Soldatenara
(A. ambigua)

Man trifft Große Soldatenaras in Paaren, Familienverbänden oder kleinen Schwärmen bis zu 12 Tieren an.

Ihre Nahrung besteht aus Früchten, Beeren, Nüssen, Samen, Knospen und Grünpflanzen.

Haltung: Der Große Soldatenara wird gelegentlich mit seinem zuvor beschriebenen kleineren Verwandten *(A. militaris)* verwechselt. Er unterscheidet sich von diesem jedoch in der Größe sowie in der Grünfärbung des Gefieders. Diese ist bei *A. ambigua* im Rückenbereich und im Nacken deutlich heller als bei *A. militaris.*

Große Soldatenaras sind sowohl in zoologischen Gärten und Vogelparks als auch bei privaten Liebhabern noch weitaus seltener anzutreffen als der Kleine Soldatenara. Die wenigen importierten Vögel finden in der Regel schnell einen Liebhaber und wechseln oft für einen „stolzen" Preis den Besitzer.

Als Stubenvogel gehört der Ara zu den intelligentesten Vertretern seiner Gattung, der Worte und Geräusche nachzuahmen vermag und darüber hinaus auch vielerlei Kunststücke erlernen kann.

Für Dressurakte in zirzensischen Veranstaltungen ist er nach Teitler (1979) besonders geeignet.

Schon Ende des letzten Jahrhunderts gelangte der erste Große Soldatenara in den Berliner Zoo.

Zur Zeit befinden sich Einzeltiere, Paare oder Kleingruppen dieser Art in den zoologischen Gärten Ost-Berlin (DDR) und Bochum (BRD), in den Vogelparks Walsrode (BRD) und Cornwall (England) sowie in weiteren Instituten und bei einigen privaten Liebhabern.

Zucht: Die vermutlich erste Zucht in Gefangenschaft glückte 1974 im Ostberliner Zoo. Aus drei Eiern schlüpften drei Junge, von denen zwei aufgezogen wurden; 1975 gelang dort die Aufzucht eines Jungvogels (Low 1980).

Die erste Zucht in England gelang 1977 im Vogelparadies Cornwall (Reynolds 1977). Zwischen 1974 und 1975 hatte man dort versucht, ein Paar des Großen Soldatenaras an den Freiflug zu gewöhnen. Im Gegensatz zu anderen Araarten – die zum Teil sogar im Freiflug brüteten – gelang dies nicht und man entschloß sich, den Vögeln die Schwungfedern zu beschneiden, um ein Entweichen der Tiere zu verhindern. Die Aras wurden nun auf einem großen Kletterbaum im Freien gehalten.

Bereits im April 1976 kam es zur Ablage von zwei Eiern, die von den Eltern 12 Tage bebrütet und danach zerbrochen wurden. Ein zweites Gelege im August wurde vorsichtshalber sofort aus dem Nistkasten genommen und in einer Brutmaschine zur Entwicklung gebracht; die geschlüpften Jungen starben innerhalb weniger Stunden.

1977 kam es erneut zur Ablage eines Eies, welches einem brütenden Arakanga-Paar untergelegt wurde. Nach einer Brutzeit von 25–26 Tagen schlüpfte das Jungtier und wurde problemlos von den „Ersatzeltern" aufgezogen.

Kurz vor dem Ausfliegen – im Alter von 10 Wochen – nahmen die Tierpfleger das Junge aus dem Kasten und fütterten es noch weitere drei Wochen bis zum Erreichen der Selbständigkeit.

In den USA scheint die Zucht des Großen Soldatenara mehrmals bei einem Tierarzt, der namentlich nicht genannt werden wollte, geglückt zu sein (Decoteau 1982).

5. **Arakanga** Hellroter Ara
Scarlet Macaw
Ara macao (Linné) 1758

Beschreibung: Gesamtlänge 85 cm; Grundgefiederfarbe scharlachrot; Rücken, Steiß und Oberschwanzdecken bläulich; Flügel- und Schulterdecken gelb mit grünen Spitzen; Schwungfedern blau; Unterflügeldecken rot; Schwanzfedern scharlachrot mit bläulichen Spitzen; Schwanzunterseite orange bis bräunlich; unbefiederter Wangenbereich creme, besetzt mit schmalen Reihen kleiner roter Federchen; Oberschnabel hornfarbig, zur Basis hin schwärzlich; Unterschnabel grau-schwarz; Iris gelb; Füße dunkelgrau.
Jungtiere: Unterschnabel gräulich; Iris braun; Schwanz kürzer; der Grünanteil im Flügel kann bei Jungvögeln größer sein als bei adulten Tieren (Low 1980).

Verbreitung: Oaxaca, Mexico bis Süd-Panama; östlich der Anden von Kolumbien im Norden bis La Paz, Bolivien im Süden; östlich durch Brasilien bis Guayana und zur Insel Trinidad.

Freileben: Der Arakanga ist auch heute noch einer der häufig anzutreffenden Papageien Südamerikas, wenn auch seine Bestände in den vergangenen Jahren durch Abschuß und Fang deutlich zurückgegangen sind. So finden sich bei mehreren Autoren Hinweise auf dezimierte bzw. ausgestorbene Populationen in Teilstrichen ihres früheren Habitats, z. B. in Veracruz, in Teilen Mexicos sowie in Guatemala (vgl. Forshaw 1973).

Flachland-Regenwälder in Flußnähe unterhalb von 1000 m sind sein bevorzugter Lebensraum, der sich in manchen Gebieten mit dem des Gelbbrustaras überschneidet.

Hellrote Aras sind in Paaren, Familien und kleinen Schwärmen bis zu 30 Tieren anzutreffen, wobei der enge Zusammenhalt zweier verpaarter Tiere sogar im Flug zu bemerken ist. Sie halten sich dicht nebeneinander, wobei sich die Schwingen gelegentlich berühren.

Gemeinsam unternehmen die Gruppen täglich ausgedehnte Flüge; sie stellen sich in der Regel an Orten ein, wo gerade bestimmte Früchte, Nüsse etc. einen bevorzugten Reifegrad erreicht haben; auch Getreide- und Maiskultu-

Hellroter Ara
(A. macao) mit
besonders intensiv
gefärbtem Gefieder.

ren werden von ihnen aufgesucht, wo sie oft – sehr zum Leidwesen der Besitzer – große Schäden verursachen.

Einen großen Teil des Tages verbringen die Tiere mit der Nahrungssuche, um bei Sonnenuntergang unter lautem Gekreische wieder ihre Schlafplätze aufzusuchen.

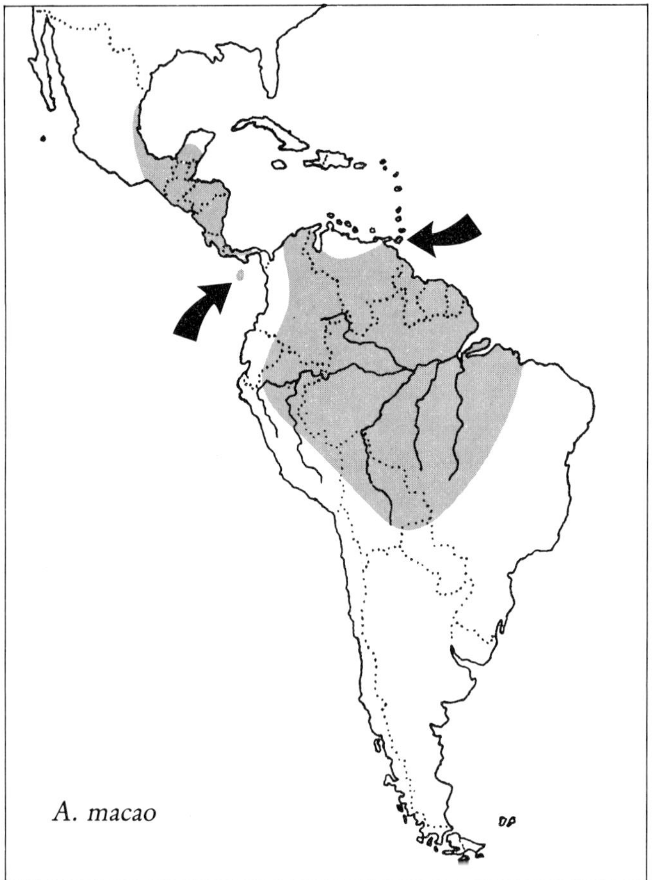

A. macao

Als Bruthöhle benutzen Arakangas große Baumhöhlungen, die in jedem Jahr erneut aufgesucht werden. Die ansässigen Einheimischen betrachten diese Brutplätze als Familienbesitz, der regelmäßig auf die Nachkommen weitervererbt wird. In den Wohngebieten der Eingeborenen finden sich immer zahme Papageien, die von ihnen als Jungtiere aus dem Nest geholt werden. Diese dienen als Tauschobjekte und in schlechten Zeiten vermutlich auch als Nahrungsreserve. Als Schmuckgegenstände fanden die langen Schwanzfedern, die den Tieren regelmäßig ausgezogen wurden, in früheren Zeiten Verwendung.

Haltung: Neben dem Gelbbrustara und dem Grünflügelara gehört der Arakanga nach wie vor zu den häufigsten Araarten in Gefangenschaft. Bereits in den Inka-Kulturen des Mittelalters galt er nachweislich als begehrtes Haustier.

Ebenso wie die zuvor genannten Arten ist er nach Bedford (1954) für die Haltung im Freiflug geeignet. In den Vogelparks Metelen und Walsrode sowie den zoologischen Gärten Wuppertal, Köln und anderen wird diese Haltungsart seit Jahren mit gutem Erfolg praktiziert.

Die früher häufig zu beobachtende Ankettung des Vogels an einen Kletterbügel ist aus verschiedenen Gründen abzulehnen; in parkähnlichen Gartenanlagen empfiehlt sich dagegen die Ara-Haltung auf einem großen, verzweigten Kletterbaum, wobei die Vögel – nach anfänglichem Beschneiden der Schwungfedern – an eine Haltung im Freiflug gewöhnt werden können (vgl. Kapitel Freiflug).

In der Einzelhaltung legt der Arakanga ein liebenswürdiges Wesen an den Tag und schließt sich eng seinem Pfleger an. Seine Nachahmungsbegabung ist beachtlich, jedoch sind wiedergegebene Worte undeutlicher zu verstehen als die eines afrikanischen Graupapageien.

Für die Unterbringung in einer Gemeinschaftsvoliere ist diese Art nach de Grahl (1973) besser geeignet als der naheverwandte Gelbbrustara oder der Grünflügelara.

Zucht: Seit 1916 sind Gefangenschaftsvermehrungen des Arakanga in der Literatur belegt (L. H. Chamness, Kalifornien, USA). Weitere Erfolge konnte Lord Lilfors, England, zwischen 1934 und 1939 erzielen; die Hellroten Aras wurden dort zeitweise im Freiflug gehalten und zogen in einer im Freien angebrachten Bruthöhle ihre Jungen groß.

Seither sind Arakanga-Zuchten in vielen zoologischen Gärten, Vogelparks und bei privaten Liebhabern gelungen.

Vielen Berichten zufolge legen diese Aras während der Brutzeit ihren Pflegern gegenüber ein äußerst aggressives Wesen an den Tag, welches die diesbezüglichen Verhal-

Der Flug des Hellroten Aras *(A. macao)* ist schnell und gewandt.

tensweisen des Grünflügel- und Gelbbrustaras bei weitem übertrifft. Eindringlinge, die die Voliere betreten, um eine Inspektion der Nisthöhle vorzunehmen, werden heftig attackiert, oft sogar fliegend angegriffen und mit offenem Schnabel verfolgt.

Hellrote Aras legen in der Regel zwei, seltener drei oder vier Eier, die eine Durchschnittsgröße von 47,0 × 33,9 mm aufweisen (Schönwetter 1964).

Hellroter Ara oder Arakanga *(A. macao)*

Das Weibchen beginnt unmittelbar nach Ablage des ersten Eies mit der Brut; einige Züchter hegen die Vermutung, daß sich auch der Hahn zeitweise aktiv am Brutgeschäft beteiligt.

Nach einer Bebrütungszeit von durchschnittlich 26 Tagen entschlüpfen die Jungvögel den Eiern; sie sind bis auf den weißlichen Flaum vollkommen nackt.

Die Augen öffnen sich zwischen dem 10. und 12. Lebenstag, die ersten Federkiele kommen nach beinahe vier Wochen zum Vorschein.

In den ersten Tagen werden die jungen Papageien ausschließlich von der Henne gefüttert, die den bereits vorverdauten Futterschleim aus dem Kropf ihres Partners entgegennimmt und danach an die Brut weiterreicht.

Den Angaben von Decoteau (1982) und J. Bordiek, Vogelpark Metelen (mündl. Mitt.), zufolge entwickeln sich junge Arakangas nur sehr langsam. Als Nestlingszeit werden Zeiträume zwischen 90 und 104 Tagen angegeben. Bis zur selbständigen Futteraufnahme vergehen weitere drei bis vier Wochen. Wie viele andere Papageien wiegen auch junge Hellrote Aras vor dem Verlassen des Nistkastens oft mehr als die Elterntiere. Wenige Tage nach dem Ausfliegen reduziert sich ihr Körpergewicht jedoch um ca. 10 %, so daß sie ein Durchschnittsgewicht von 650 bis 800 g erreichen.

Mischlingszuchten: Im zoologischen Garten Krefeld sind Mischlinge zwischen dem Arakanga und dem Ararauna erbrütet worden (Dr. Vogt, briefl. Mitt.). 1973 zogen die Tiere in einer Gemeinschaftsvoliere zwei Junge groß, die bezüglich ihrer Färbung ein Mischprodukt beider Ausgangsarten darstellten. In den USA werden derartige Hybriden offenbar so häufig gezüchtet, daß man ihnen den Namen „Catalina Macaw" gab (Decoteau 1982).

Weiterhin wurden Kreuzungen zwischen Hellroten und Grünflügelaras sowie zwischen Hellroten und Kleinen Soldatenaras erzielt (de Grahl 1974).

Über eine intergenerische Verpaarung von *A. ararauna* und *A. hyacinthinus* berichtet Low (1980).

Gewichtsentwicklung eines Hellroten Aras (nach Müller-Bierl, 1983):

Alter in Tagen	Gewicht in Gramm
10	100
20	390
30	595
40	800
50	810
60	890
70	950
80	890

6. **Grünflügelara** Dunkelroter Ara
Green-winged Macaw
Ara chloroptera (G. R. Gray) 1859

Beschreibung: Gesamtlänge 90 cm; Grundgefiederfarbe rot, dunkler als bei *A. macao*; mittlere Flügeldecken, innere Armschwingen, Schirmfedern und Schultern grün; kleine Flügeldecken grün; Rücken, Bürzel, Ober- und Unterschwanzdecken hellblau; große Flügeldecken und äußere Armschwingen blau; Außenfahnen der Handschwingen dunkelblau; Schwanz dunkelrot mit blauen Spitzen; Schwanz- und Flügelunterseite dunkelrot; unbefiederter Wangenbereich besetzt mit schmalen, rötlichen Federfluren; Oberschnabel hornfarbig mit grau-schwarzer Färbung an der Basis; Unterschnabel grau-schwarz; Iris hellgelb; Füße dunkelgrau.
Jungtiere: Schwanz kürzer als bei adulten Tieren; Unterschnabel und Basis des Oberschnabels mittelgrau; Iris braun.

Verbreitung: Von Ost-Panama, NW-Kolumbien östlich der Anden und Venezuela bis Guayana; südlich bis zu den Provinzen Paraná und Mato Grosso in Brasilien; Nord-Ost-Bolivien, Paraguay und Nord-Argentinien.

Unterarten: Keine.

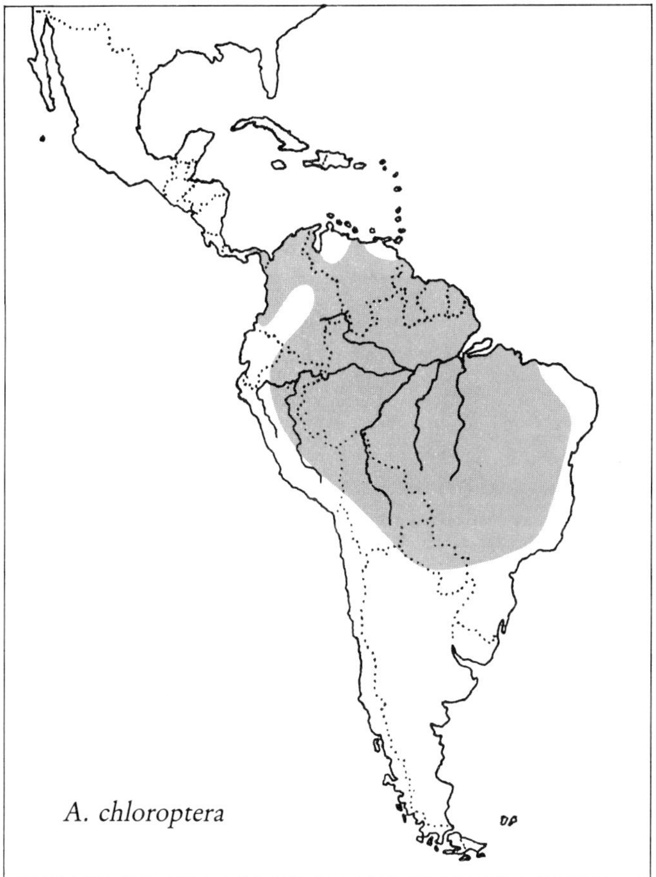

Freileben: Der Grünflügelara ist vor allem ein Bewohner tropischer Wälder im Flachland und Vorgebirge. In Bergregionen über 1500 m Höhe trifft man ihn dagegen seltener an. Aus den Küstengebieten hat er sich in den vergangenen fünfzig Jahren mehr und mehr ins Binnenland zurückgezogen, wo er neben dem Arakanga *(Ara macao)* zu den häufigsten Großpapageien zählt.

Im äußersten Süden seines Verbreitungsgebietes, in der Provinz Formosa, Nord-Argentinien, ist er nur vereinzelt gesichtet worden.

Im Gegensatz zu anderen Araarten, die häufig in größeren Schwärmen zusammenleben, sieht man Grünflügelaras nur in kleinen Familienverbänden oder paarweise.

Die Nistgewohnheiten dieser Araart sind bisher nur unzureichend in ihrer Heimat erforscht.

Wie andere Vertreter der Gattung brüten auch sie vermutlich in Baumhöhlungen abgestorbener Urwaldriesen; im Süden Brasiliens beobachtete man Grünflügelaras dabei, wie sie mit Hilfe ihres gewaltigen Schnabels versuchten, Nistkammern in Felswände zu graben.

Haltung: Von den Eingeborenen werden die farbenprächtigen Grünflügelaras als Haustiere sehr geschätzt; ihre Brutbäume gehören zum Familienbesitz und werden von Generation zu Generation weitervererbt. Die attraktiven Schwanz- und Schwungfedern werden den Aras in regelmäßigen Abständen ausgezogen und dienen den Besitzern als Schmuck und Tauschobjekte.

Aufgrund von Verwechselungen mit dem zuvor genannten Hellroten Ara können die Erstimporte dieser Ara-Art nicht zweifelsfrei nachgewiesen werden; vermutlich kam der Grünflügelara aber schon zu Beginn des 17. Jahrhunderts nach Europa. Seither wird er regelmäßig in den Handel gebracht.

In den zoologischen Gärten, in Vogelparks etc. gehört er neben dem Ararauna und dem Arakanga aufgrund seines attraktiven Äußeren zum alltäglichen Vogelbestand, bei den Liebhabern dagegen ist er weit weniger häufig anzutreffen.

Allen Berichten zufolge legt der Dunkelrote Ara in Gefangenschaft ein weniger liebenswürdiges Wesen an den Tag als sein naher Verwandter, der Arakanga. Dennoch kann er seinem Pfleger gegenüber sehr zahm und zutraulich werden.

Seine Nachahmungsfähigkeit ist beachtlich, die reproduzierten Laute werden jedoch relativ undeutlich wiedergegeben.

Durch großflächige Urwaldrodungen in weiten Teilen Südamerikas wird der Grünflügelara *(A. chloroptera)* von den Küstengebieten Brasiliens und Venezuelas ins Binnenland zurückgedrängt.

Bezüglich seiner Pflegebedürfnisse unterscheidet er sich nicht von anderen großen Arten seiner Gattung.

Zucht: Die erste Gefangenschaftsvermehrung gelang vermutlich J. S. Rigge, Millom, England, im Jahre 1962 (Rigge 1963). Der Züchter erwarb sein Paar bereits 1956; vier Jahre später kam es erstmals zur Ablage eines unbefruchteten Geleges. Im darauffolgenden Jahr schlüpften aus einem weiteren Gelege (bestehend aus drei Eiern mit einer Durchschnittsgröße von 50,0 × 35,4 mm) zwei Jungtiere, die allerdings nur wenige Stunden überlebten.

Im Juni 1962 kam es erneut zur Eiablage und ca. vier Wochen später schlüpften zwei Jungvögel. Die Henne verließ erstmals wieder das Nest, als die Jungen beinahe fünf Wochen alt waren. In der Zwischenzeit wurde sie vom Hahn mit Nahrung versorgt.

Im Alter von 60 Tagen waren die Aras voll befiedert, fünf Wochen später verließen sie den Nistkasten.

In den USA gelang die Zucht des Grünflügelaras im Jahre 1972 bei H. I. Gregory, Texas.

Das Gelege bestand aus drei Eiern, aus denen nach einer Brutzeit von exakt 27 Tagen alle Jungen schlüpften.

Nach fünf Wochen wurden die jungen Aras nicht mehr von ihren Eltern gefüttert und mußten von Hand großgezogen werden. Die Volierengröße betrug 1,8 × 3,6 × 1,8 m. Als Nistkasten diente ein 200-l-Blechfaß mit einem Einschlupfloch von 25 cm ∅, die Einstreu bestand aus trockenen Holzspänen und zerkleinerten Zweigen (Gregory 1972).

Weitere Zuchterfolge hatten der Zoo Hannover und der Vogelpark Metelen, Deutschland, sowie verschiedene andere zoologische Gärten und private Liebhaber in aller Welt.

Mischlingszuchten: Kreuzungen des Grünflügelaras mit dem Ararauna, dem Hellroten Ara und dem Soldatenara sind häufiger geglückt.

Ein sehr „produktives" Mischpaar besitzt der zoologische Garten Wuppertal. Dort haben ein Ararauna und ein Grünflügelara in den vergangenen 18 Jahren an die vierzig Jungtiere erbrütet und zum größten Teil auch aufgezogen (siehe Kapitel *Ararauna*, Mischlingszuchten).

Man vermutet, daß Aras in Freiheit ihr Leben lang monogam zusammenleben. Verpaarte Tiere, wie diese Grünflügelaras *(A. chloroptera)*, entfernen sich bei ihren ausgedehnten Streifzügen nie weit voneinander.

7. Rotohrara
Red-fronted Macaw
Ara rubrogenys (Lafresnaye) 1847

Beschreibung: Gesamtlänge: 60 cm; Grundgefiederfarbe oliv-grün; Kopf grün; Stirn, Vorderkopf, Ohrfleck und Schenkel rot; Flügelrand, Flügelbug und kleine Unterflügeldecken orange-rot; große Unterflügeldecken und Schwanzunterseite oliv-gelb; Spitzen der Schwungfedern und Handdecken grau-blau; Schwanzoberseite oliv-grün, durchsetzt mit blau; unbefiederte, rosa Wangenregion, besetzt mit bräunlich-schwarzen Federfluren; Schnabel schwarz-grau; Iris orange; Füße dunkelgrau.
Jungtiere: Stirn rot, keine weiteren roten Gefiederpartien im Kopfbereich; kleine Flügeldecken und Flügelbug grün; kleine Unterflügeldecken orange; Schenkel grün mit rötlichem Anflug.

Unterarten: Es sind bisher keine Unterarten bekannt.

Verbreitung: Provinzen von Cochabamba und Santa Cruz, Bolivien.

Freileben: Der Rotohrara galt bis zu Beginn der siebziger Jahre als ausgestorben und war der Fachwelt nur durch Museumsexemplare bekannt.

Wenig später jedoch entdeckten Ornithologen in einem nur 1000 Quadratkilometer umfassenden Areal (Low 1980) in Bolivien wieder verschiedene Exemplare, die paarweise oder in Gruppen bis zu 12 Tieren umherstreiften.

Nach Cordier (zit. nach de Grahl 1973) bewohnt diese Art heiße, trockene Täler, vornehmlich in Höhenlagen um 2000 m.

Die Nester, die nach Angaben der dortigen Bevölkerung aus dornigen Zweigen bestehen sollen, werden in Felsspalten angelegt.

Der Rotohrara wird aufgrund mangelnder Nachahmungsfähigkeit von den Einheimischen kaum als Haustier gehalten. Sie erlegen ihn jedoch gelegentlich wegen seiner bunten Federn und des wohlschmeckenden Fleisches.

Haltung: Bis 1973 war der Rotohrara nur sehr wenigen Papageienliebhabern bekannt und hatte als Volierenvogel keinerlei Bedeutung.

Anfang 1973 gelangte vermutlich das erste Exemplar nach England zu John Halford, Hampshire (Low 1980), und zwei weitere Tiere zu Dr. R. Burkard in die Schweiz (de Grahl 1974). Beinahe gleichzeitig erhielt der Vogelpark Walsrode einige Exemplare sowie H. K. Pöpping in Münster (mündl. Mitt.). Nach Decoteau (1982) tauchten erst 1976 die ersten Exemplare in den USA auf, wo sie zu horrenden Preisen angeboten wurden.

Nach weiteren Importen befinden sich Rotohraras mittlerweile in weiteren Vogelparks und Tiergärten (so z. B. im Zoo Wuppertal und im Tierpark Bochum) und in einigen privaten Kollektionen.

Hin und wieder wird diese Araart auch heute noch in den Anzeigenteilen einschlägiger Fachzeitschriften angeboten; die Preise, die von den Großhändlern gefordert werden, sind inzwischen deutlich gefallen, liegen jedoch entschieden höher als bei anderen Arten der Gattung.

Die Eingewöhnung frisch importierter Vögel bereitet nach Aussage eines Importeurs gewisse Schwierigkeiten. Offensichtlich sind die Vögel nur sehr langsam an Körnerfutter und andere Futterarten zu gewöhnen; dagegen sind sie in der ersten Zeit kaum kälteempfindlich und gewöhnen sich schnell an unser mitteleuropäisches Klima.

Dennoch benötigen Rotohraras – wie die übrigen Arten der Gattung auch – bei schlechter Witterung eine beheizte Unterkunft.

Den Erfahrungen der Vogelparks Birdland, England, und Walsrode, Deutschland, zufolge vertragen sich diese Papageien durchaus mit weiteren Artgenossen, so daß man sich dort entschloß, mehrere Vögel in einem Kolonie-System zu halten.

Zucht: Die vermutlich erste und bisher einzige Zucht der Rotohraras gelang in der Bundesrepublik im zoologischen Garten Wuppertal (Dr. Schürer, briefl. Mitt.).

Dort wurden 1978 drei Jungvögel geboren, die unmittelbar nach dem Schlupf von der Tierpflegerin M. Bock von Hand aufgezogen wurden.

Weitere acht Tiere wurden zwischen 1979 und 1982 von diesem Zuchtpaar erbrütet und selbständig aufgezogen.

Im Gegensatz zu den adulten Vögeln ist die Rotfärbung am Kopf bei frisch ausgeflogenen Jungtieren noch nicht vorhanden; sie tritt erst im Laufe weniger Monate in Erscheinung.

Die Rotohraras werden im Wuppertaler Zoo in einer Innenvoliere gehalten und benutzen waagerecht aufgehängte Brutkästen aus dicken Brettern, die unter der Volierendecke angebracht sind.

8. **Goldnackenara,** Gelbnackenara
Yellow-collared Macaw
Ara auricollis (Cassin) 1853

Beschreibung: Gesamtlänge 38 cm; Grundgefiederfarbe grün; Stirn, Scheitel und Wangen bräunlich-schwarz; Hinterkopf bläulich überhaucht; gelbes Halsband im Nackenbereich; Schwungfedern und Handdecken blau; Schwanzunterseite blau, zur Spitze hin bräunlich; Schwanz- und Flügelunterseiten oliv-gelb; unbefiederte Wangenpartie creme; Schnabel grau-schwarz, zur Spitze hin hornfarbig; Iris orange; Füße gelblich.
Jungtiere: Grünfärbung heller; gelbes Nackenband schmaler; gelbe Fleckung des Brustgefieders (de Grahl 1980).

Unterarten: Die taxonomischen Auffassungen, die dieser Darstellung zugrunde liegen, nennen bei *A. auricollis* keine von der Nominatform unterscheidbare Unterart.

Decoteau (1982) unterteilt die Art jedoch in zwei „Typen", wobei er neben der zuvor beschriebenen Form eine zweite nennt, die sich durch ihr orange gefärbtes Nackenband deutlich von der ersten unterscheidet. Er bezeichnet darüber hinaus die Grundgefiederfärbung als bräunlich-grün, im Gegensatz zum Dunkelgrün der gewöhnlichen gelbnackigen Form.

Leider finden sich in der Literatur keine weiteren Hinweise auf die Existenz dieses von Decoteau benannten Orangenackenaras, so daß es vor genauer Untersuchung im Freiland verfrüht wäre, den bestehenden Auffassungen eine weitere Ara-Unterart hinzuzufügen.

Verbreitung: Von Mato Grosso, Brasilien und Bolivien über Paraguay bis zum nordwestlichen Argentinien.

Freileben: In der Literatur ist bisher sehr wenig über Freilandbeobachtungen dieser Art berichtet worden. Goldnackenaras scheinen in vielen Teilen ihres Verbreitungsgebietes häufige Vögel zu sein, die in Kleingruppen oder Paaren umherschweifen. Goodfellow (zit. nach Forshaw 1973) beobachtete diese Papageien in Bolivien in der Nähe des Flusses Itenez, wo sie während der trockenen Jahreszeit in großen Schwärmen anzutreffen waren. Zu Beginn der Regenzeit zogen sie in südlicher Richtung davon.

Der Rotohrara *(A. rubrogenys)* bildet mit einer Gesamtkörperlänge von ca. 60 cm eine intermediäre Form zwischen den großen Araarten und den Zwergaras. Innerhalb der Gattung „Ara" gehört er zusammen mit dem Blaukehlara *(A. glaucogularis)* zu den am stärksten von der Ausrottung bedrohten Arten.

Als Lebensraum bevorzugen sie offenbar subtropische Waldungen in unmittelbarer Nähe von Wasserstellen.

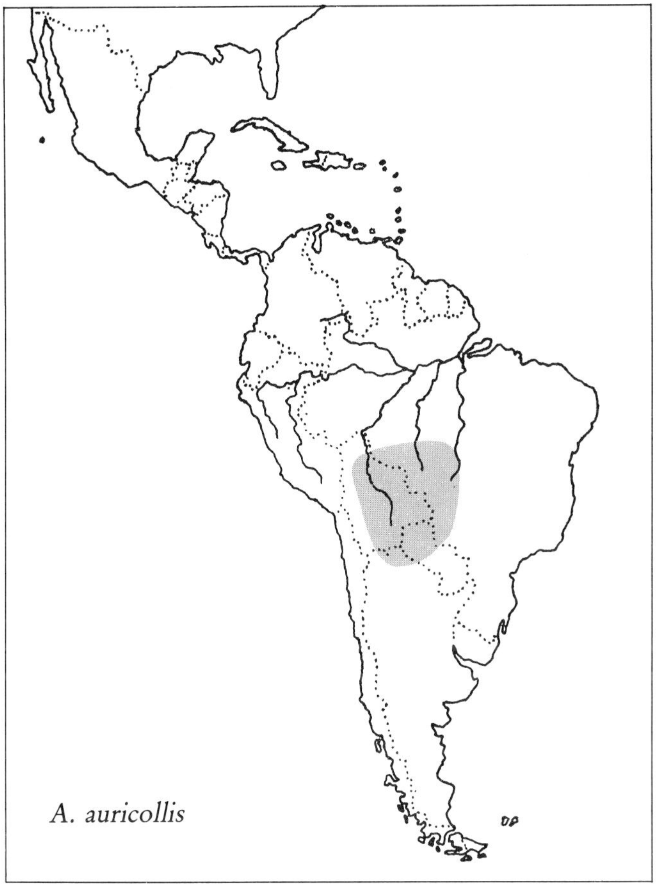

A. auricollis

Haltung: Zu Beginn der siebziger Jahre galten die Goldnackenaras als große Seltenheit in Europa; vermutlich wurden in der Bundesrepublik Deutschland zu diesem Zeitpunkt nur im Vogelpark Walsrode Tiere dieser Art gehalten.

Zwischen 1973 und 1979 gelangten jedoch mehrere größere Importsendungen in den Handel, so daß Goldnackenaras inzwischen in mehreren zoologischen Gärten, Vogelparks und Privatkollektionen zu finden sind.

Seit 1980 werden sie nur sporadisch in Einzelexemplaren eingeführt.

In bezug auf ihre Pflegebedürfnisse unterscheiden sich diese Aras nicht von anderen kleineren Arten der Gattung.

Bei Decoteau finden sich Hinweise auf eine Haltung des Goldnackenaras im Freiflug. Die Besitzer der Vögel wohnen in ländlicher Gegend in der Nähe eines Kiefernwaldes. Während der Sommermonate werden die Vögel jeden Morgen aus der Voliere entlassen. Sie lassen sich in den großen Kiefern am Waldrand nieder und zerpflücken die samentragenden Zapfen. Vor Einbruch der Dunkelheit und bei Herannahen eines Unwetters kehren sie bereitwillig in ihre Behausung zurück, wo sie jeden Abend regelmäßig gefüttert werden.

Zucht: Abgesehen von einer nicht näher belegten Zucht in den USA im Jahre 1968 (Bush Gardens, Tampa, Florida) gelang es bisher in der BRD mehrmals, den Goldnackenara zu vermehren. Die deutsche Erstzucht kommt vermutlich dem Vogelpark Walsrode zu, wo 1976 ein Jungtier erbrütet wurde (Int. Zoo Yearbook 1977). In der Zwischenzeit gelangten dort insgesamt 27 Jungtiere zur Selbständigkeit (Trogisch, mündl. Mitt.).

1979 kam es bei K. Maaß, Drensteinfurt, zur Aufzucht von drei Jungvögeln (vgl. de Grahl 1980), deren Entwicklungsdaten aufgrund der ausgeprägten Revierverteidigungsbereitschaft der Altvögel nicht festgestellt werden konnten. Das Zuchtpaar konnte durch Vergleich des gelben Nackenbandes geschlechtlich unterschieden werden. Es war beim männlichen Tier breiter und farblich intensiver als beim weiblichen.

Einen detaillierteren Zuchtbericht liefert H. Ploog, Seedorf, dem 1981 die Zucht gelang (Ploog 1982).

Vier Tiere waren 1979 erworben worden, wobei es sich – wie sich später herausstellte – um zwei Paare handelte. Das eine nahm nach kurzer Zeit eine Naturstamm-Nisthöhle in Beschlag und verteidigte sie gegen die anderen Volierenmitbewohner. Im Frühjahr 1981 konnte vermehrt Gefiederkraulen und Partnerfüttern beobachtet werden. Die erste Eiablage erfolgte im Mai nach vorangegangener Begattung.

Drei Junge schlüpften und wurden eifersüchtig von den Eltern bewacht und verteidigt. Sie waren über und über mit grauem Flaum bedeckt.

Der Goldnackenara *(A. auricollis)* wird erst seit gut zehn Jahren mehr oder minder regelmäßig importiert. Vor 1970 galt er als große Seltenheit in Europa.

Drei Wochen nach dem Schlupf zeigten sich die ersten Federkiele, nach weiteren vier Wochen waren die jungen Papageien vollständig befiedert. Sie verließen die Nisthöhle nach einer Nestlingszeit von insgesamt neun Wochen zum ersten Mal, kehrten jedoch mehrmals täglich und vor allem nachts wieder in diese zurück.

Auch vier Wochen nach dem Ausfliegen wurden sie noch von den Eltern gefüttert, die trotz abwechslungsreicher Futterangebote nur Papageienfutter und gekeimte Sonnenblumenkerne an ihre Brut weiterreichten.

Bis zum Erlangen der Selbständigkeit vergingen insgesamt mehr als vier Monate.

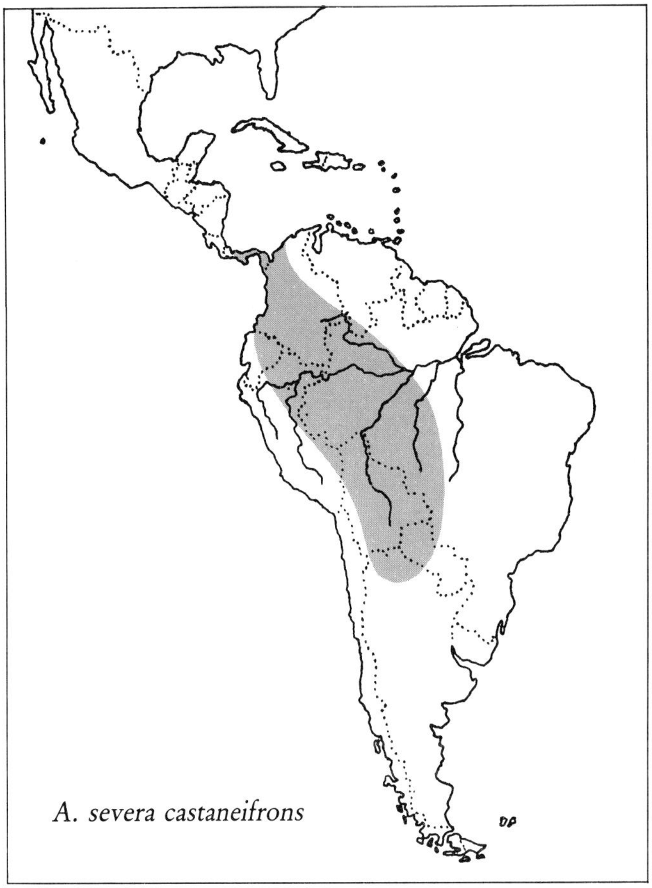

9. Rotbugara
Chestnut-fronted Macaw
Ara severa (Linné) 1758

Beschreibung der Nominatform: Gesamtlänge: 46 cm; Grundgefiederfarbe grün; Scheitel bläulich durchsetzt; Stirn, Kinn und Wangenränder rot-braun; unbefiederter Wangenbereich creme, besetzt mit winzigen Reihen schwarzer Federchen; Außenfahnen der Handschwingen und Handdecken blau; Flügelspiegel, Flügelbug und kleine Unterflügeldecken rot; große Unterflügeldecken olivgrün; Schwanz oberseits rötlich-braun, zur Spitze hin durchsetzt mit grün und blau; Schwanzunterseite und Unterflügeldecken orange-rot; Schnabel grau; Iris gelb; Füße grau.
Jungtiere: In allen Farben matter; Iris einige Monate schwarz, dann weißlich-gelb; junge Weibchen im ersten Jahr ohne Stirnband (de Grahl 1973).

Unterarten: Alle Systematiker erkennen bei dieser Art neben der Nominatform die Unterart *A. s. castaneifrons* an, wobei jedoch Forshaw (1973) Zweifel an deren Existenz hegt.

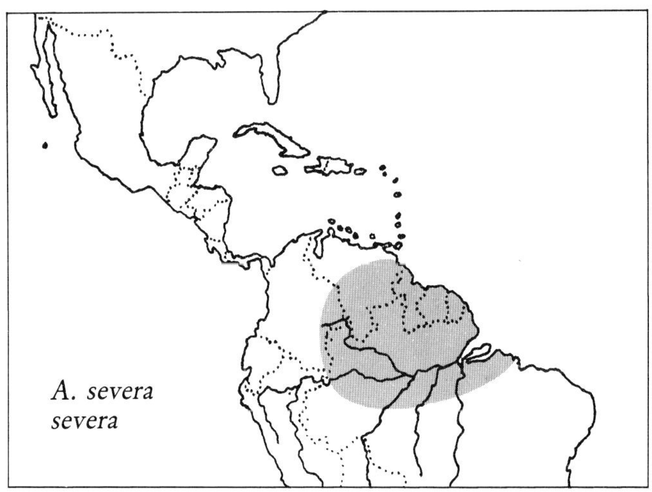

1. *Ara severa severa* (Linné)

Verbreitung: Von der Orinoco-Region in Venezuela bis Guayana im Osten; südlich bis zum Amazonas-Gebiet im Norden Brasiliens.

2. *Ara severa castaneifrons* (Lafresnaye)

Beschreibung: Ähnelt der Nominatform, jedoch größer.

Verbreitung: Von Ost-Panama und West-Kolumbien östlich bis zum Orinoco-Gebiet, Venezuela, und südlich durch O-Peru bis N-Bolivien und NW-Brasilien.

Freileben: Der Rotbugara ist häufig in Wäldern der Tropenregionen anzutreffen, vorzugsweise in der Nähe von Flußläufen. Gelegentlich verläßt er den eigentlichen Hochwald, um in Mais- und Getreideanbaugebieten auf Nahrungssuche zu gehen. Daneben dienen ihm wildwachsende Früchte, Beeren und Samen, die in den Kronen der Bäume zu finden sind, als Nahrung. Bevorzugte Früchte sind Feigen, Mangos und die Samen des Wolfsmilchgewächses *Hura crepitans.*

Haltung: Als Einzelvogel sowie als Volierenpaar sind Rotbugaras in zoologischen Gärten und bei privaten Liebhabern gelegentlich anzutreffen.

Sie werden unregelmäßig in kleineren Stückzahlen importiert und finden dann, aufgrund ihres angenehmen Wesens, schnell einen Käufer.

Als Stubenvogel wird dieser Zwergara überaus zahm und anhänglich; seine Nachahmungsbegabung ist entschieden größer als die seiner farbenprächtigen Verwandten.

Frisch importierte Rotbugaras sind anfangs empfindlich gegenüber niedrigen Temperaturen und müssen bei Zimmertemperatur gehalten werden; erst langsam darf eine Gewöhnung an den Aufenthalt im Freien erfolgen.

Bei diesen Rotbugaras *(A. severa)* handelt es sich trotz offensichtlicher Größenunterschiede vermutlich nicht um ein Paar, sondern um zwei verschiedene Rassen (links *Ara severa castaneifrons*, rechts Nominatform).

Die folgenden Sätze versetzen uns zurück ins vergangene Jahrhundert. Ruß (1882) zitiert den Nauturforscher Buffon, der über seine Erfahrungen mit dem Rotbug-Zwergara berichtet:

„Über sein Leben in der Gefangenschaft schreibt schon Buffon recht ausführlich. Er lobt den kleinen Ara, nicht allein als schönen und seltenen Vogel, sondern auch seines sanften, einschmeichelnden Wesens halber; er vermöge sowohl die menschliche Sprache als auch das Geschrei und Pfeifen anderer Vögel nachzuahmen, und die erstere lerne er leichter und deutlicher als die großen Aras, er höre anderen sprechenden Papageien zu und unterrichte sich von ihnen. Im übrigen sei seine Stimme nicht so stark, und er spreche das Wort „Ara" nicht so deutlich aus wie die großen Arten."

Zucht: Die Welterstzucht des Rotbugaras gelang 1940 im Zoo San Diego, Kalifornien (de Grahl 1974).

Weitere Bruterfolge hatte 1954 O. Hirthe, Kopenhagen, 1961 der Zoo Whipsnade, London, 1964 H. Kleiser, Hof, 1968 P. Mullick, Indien, und 1970 der Cincinatti-Zoo in den USA.

Rotbugara
(A. severa)

Weitere Gefangenschaftsvermehrungen, die nicht publiziert wurden, sind wahrscheinlich.

Das Rotbugarapaar des Dänen Otto Hirthe erbrütete zwischen 1954 und 1958 insgesamt neun Jungtiere. Die Brutzeit konnte nicht exakt ermittelt werden; sie betrug vermutlich zwischen 25 und 28 Tagen. Im Alter von acht Wochen verließen die jungen Papageien den Nistkasten und erlangten sechs Wochen später ihre Selbständigkeit.

Decoteau (1982) dagegen spricht von einer Brutzeit von 28–30 Tagen und einer Nestlingszeit von 70–80 Tagen.

Mischlingszuchten: Eine Mischlingszucht zwischen dem Rotbugara und dem Rotrückenara gelang dem deutschen Züchter K. Oehler, Friedrichshafen, im Jahre 1973.

10. Rotbauchara

Red-bellied Macaw

Ara manilata (Boddaert) 1783

Beschreibung: Gesamtlänge: 50 cm; Grundgefiederfarbe grün; Hals, Rücken, Bürzel, Oberschwanzdecken und Unterseite grün-oliv; Scheitel grünlich-blau; unterer Wangenbereich bläulich; Kinn, Kehle und oberer Brustbereich grau, grünlich gesäumt; Bauch und Steißbereich braun-rot; Federn der Schenkel grün mit rotem Saum; Unterschwanzdecken bläulich-grün; Oberschwanzdecken grün mit gelben Rändern; Schwingen, Handdecken und große Flügeldecken mattblau, grünlich gesäumt; Unterflügeldecken gelb-grün; Schwanz oberseits grün; Schwanz- und Flügelunterseiten oliv-gelb; unbefiederte Wangenregion gelb; Schnabel grau-schwarz; Iris dunkelbraun; Füße dunkelgrau.

Jungtiere: Keine genauen Angaben; nach Low (1980) weisen unausgefärbte Tiere möglicherweise einen schwärzlich oder bräunlich befiederten Kopfbereich auf.

Unterarten: Keine

Verbreitung: Von Guayana durch Nord- und Südost-Venezuela bis Kolumbien, östlich der Anden; südlich bis zum Nordosten Perus und zum Mato-Grosso-Gebiet in Brasilien; Insel Trinidad.

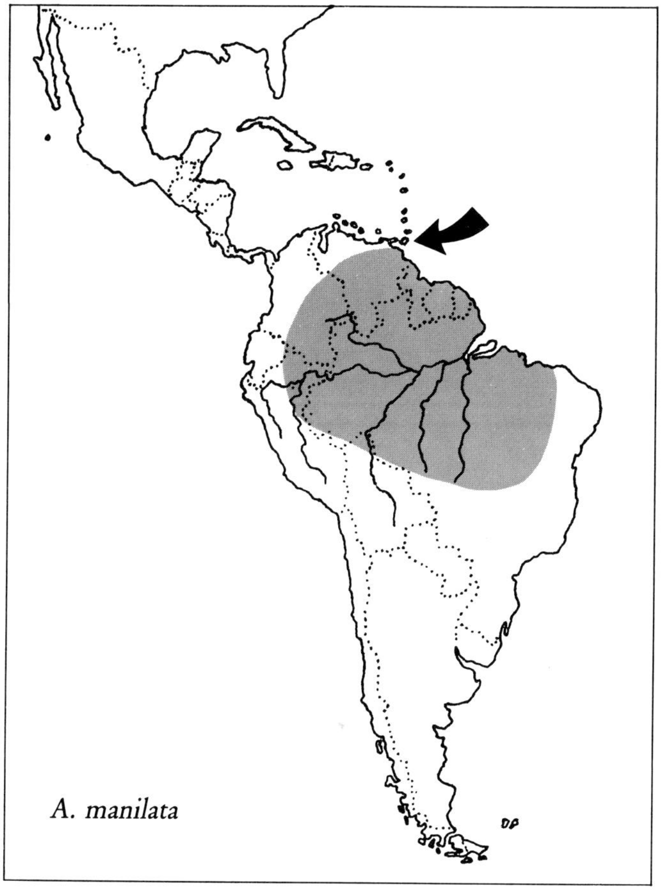

Freileben: Allen Berichten zufolge ist der Rotbauchara in beinahe allen Teilen seines Verbreitungsgebietes ein häufiger Vogel; auf der Insel Trinidad scheint sein Bestand offenbar zuzunehmen.

Als Habitat bevorzugt er tropische Savannengebiete mit Palmenbestand, aber auch in Kulturgebieten ist er gelegentlich zu finden. Sein Vorkommen ist direkt abhängig von der Verbreitung der Palmengattung Mauritia.

Auf Trinidad wurden diese Aras von Herklots (zit. nach Forshaw 1973) beobachtet. Ihre Hauptaktivitätszeit begann am frühen Nachmittag. In Gemeinschaft mit Amazonenpapageien *(Amazona amazonica)* gingen die Tiere in Schwärmen von über 100 Tieren der Futtersuche nach, wobei sie den Früchten der bereits erwähnten Mauritia-Palmen den Vorzug gaben.

In Freiheit gilt der Rotbauchara *(A. manilata)* als Nahrungsspezialist, der sich beinahe ausschließlich von den Früchten der Mauritia-Palme *(Mauritia flexuosa)* ernährt.

Rotbaucharas nisten in den Höhlungen abgestorbener Palmen; während der Regenzeit ist der Fuß eines solchen Baumes oft von Wasser umspült, welches einen wirksamen Schutz vor Nesträubern bietet.

Haltung: „Der rotbäuchige Ara ist bis jetzt noch nicht lebend eingeführt, obwohl er nach Burmeister, Schomburgk u. a. zu den gemeinsten Papageien seiner Heimat gehören soll. Es läßt sich aber erwarten, daß er über kurz oder lang zahlreich herüberkommen wird" (Ruß 1882).

Auch wenn Dr. Ruß zur damaligen Zeit dem Rotbauchara für die Zukunft eine rasche Verbreitung in Europa prophezeite, so ist er auch heute nur ganz vereinzelt in Gefangenschaft zu finden.

Während er in England nur in Einzelexemplaren vorhanden zu sein scheint, berichtet Decoteau (1982) von nachweislich acht Paaren, die in den USA zu finden sind.

In der Bundesrepublik Deutschland erhielt der Vogelpark Walsrode 1973 das erste Exemplar. Mittlerweile wurden weitere Tiere eingeführt und – wenn man der Anzeige in einer einschlägigen Fachzeitschrift glauben darf – zu einem sehr günstigen Preis angeboten.

Über Haltungserfolge in der Gefangenschaft finden sich in der Literatur kaum Hinweise.

J. Halford, Hampshire (zit. nach Low 1980), beschreibt seine Rotbaucharas als empfindliche Vögel, die selbst im Sommer nicht in einer Freivoliere untergebracht werden sollten. Nach eigenen negativen Erfahrungen pflegt er seine verbliebenen Exemplare ganzjährig im geheizten Innenraum.

Hinweise auf Ernährungsbesonderheiten dieser Araart sind in der Literatur nicht zu finden. Dr. Decoteau, Dunstable, teilte mir brieflich mit, daß seine Rotbaucharas ähnlich wie andere Kleinaraarten ernährt werden. Neben den üblichen Sämereien reicht er vor allem Äpfel, Birnen, Bananen, Apfelsinen und Papayas. Daneben bilden die verschiedensten Nüsse eine bevorzugte Nahrung.

Zucht: Über eine gelungene Gefangenschaftsvermehrung liegen keine Angaben vor. B. Andrews, Rhode Island, USA, (zit. nach Decoteau 1982) besaß ein mehrjähriges, brutwilliges Paar. Leider starb das Weibchen 1980 an Legenot.

11. Rotrückenara
Illiger's Macaw
Ara maracana (Vieillot) 1816

Beschreibung: Gesamtlänge 43 cm; Grundgefiederfarbe grün; Bürzel und Oberschwanzdecken oliv-grün; Stirn rot; Kopf, Nacken und Wangenbereich grünlich-blau; Scheitel blau; Rücken und Bauchfleck rot; Handschwingen und Handdecken blau; Armschwingen und äußere Oberflügeldecken blau mit grünem Saum; Flügelbug bläulich-grün; Unterflügeldecken oliv-grün; Schwanzoberseite blau, zur Spitze hin rötlich-braun; Schwanz- und Flügelunterseiten oliv-gelb; unbefiederter Wangenbereich hellgelb; Schnabel schwarz; Iris orange; Füße fleischfarben. Jungtiere: Rotfärbung der Stirn blasser; Bauch- und Rükkenfleck gelblich-grün; Kopf grau-grün.

Unterarten: Keine. An dieser Stelle verweise ich jedoch auf die Ausführungen zu *Ara couloni* im Abschnitt Unterarten.

Verbreitung: Ost-Brasilien südlich des Amazonas, Paraguay und nord-östliches Argentinien.

Freileben: Über das Freileben des Rotrückenaras liegen nur spärliche Informationen vor.

Er bewohnt Waldgebiete im Bereich von Flüssen oder in Küstennähe. In vielen Teilen seines Verbreitungsgebietes haben die Bestände stark abgenommen. Durch zunehmende Veränderungen seines ursprünglichen Lebensraumes (vor allem durch Urwaldrodungen in Küstennähe) zwang man ihn, ins Binnenland abzuwandern.

Zur Brutzeit lebt dieser Ara paarweise, sonst in kleineren Gruppen, die bei der Futtersuche auch Mais- und Getreideanbaugebiete nicht verschonen und dort mitunter große Schäden anrichten.

Rotrückenaras
(A. maracana) im
Vogelpark Walsrode

In den USA trägt sich der „Fish and Wildlife Service" (Department of Interior) mit dem Gedanken, den Rotrückenara auf die Liste der bedrohten Arten zu setzen und den Import zu unterbinden (Decoteau 1982).

Haltung: Rotrückenaras wurden in der Vergangenheit nur sporadisch, und wenn dann in geringeren Stückzahlen, importiert. Sie erfreuen sich jedoch zunehmender Beliebtheit bei den Papageienfreunden, zumal sie als Stubenvogel ein angenehmes Wesen an den Tag legen und in der Regel über eine gute Nachahmungsbegabung verfügen.

Dr. Ruß (1882) sah vor über 100 Jahren die Sache jedoch aus ganz anderen Augen:

„Von Vieillot (1816) beschrieben und benannt und im Handel fast ebenso gemein wie der vorige (gemeint ist der Rotbugara), ergibt er bis jetzt doch weder hinsichtlich des Freilebens, noch des Benehmens in der Gefangenschaft irgendwelche ausführlichen Nachrichten. ... Da sie an den Maisanpflanzungen Schaden verursachen und zugleich ihr Fleisch vortreffliche Brühe liefere, so werden sie stark verfolgt. ... In der Gefangenschaft ist der Vogel im übrigen ebensowenig beliebt wie sein vorhergegangener Verwandter."

Wird der Rotrückenara als Zuchtvogel gehalten, benötigt er einen langgestreckten Flugraum mit anschließendem Schutzhaus; dieses muß während des Winters auf 10 bis 15 °C erwärmt werden, um Erkältungskrankheiten zu vermeiden.

Zucht: Die Geschlechter sind bei *A. maracana* nur sehr schwierig zu unterscheiden; im Gegensatz zu den Hähnen weisen die weiblichen Tiere jedoch in der Regel einen kleineren Bauchfleck auf. Darüber hinaus ist auch die Rotfärbung im Rücken- und Stirnbereich der Weibchen weniger intensiv und unscharf von den umliegenden Gefiederpartien abgegrenzt.

In Gefangenschaft legt die Henne nach vorangegangener Balz und Kopulation im April oder Mai zwei bis drei Eier (mit einer Durchschnittsgröße von 37,1 × 29,9 mm), die sie 24 bis 26 Tage lang bebrütet. Nach dem Schlüpfen sind die Jungen mit weißem Flaum von beinahe 20 mm Länge bedeckt. Die gesamte Nestlingszeit beträgt zwischen neun und zehn Wochen.

Die ersten Zuchten des Rotrückenaras teilte der Londoner Zoo mit; dort wurden zwischen 1931 und 1938 insgesamt zehn Jungtiere geboren.

Weitere Gefangenschaftsvermehrungen glückten 1972 im Tropical Bird Garden, England, 1973 bei E. L. Hauters, Belgien, 1974 bei B. R. Aldred, England, 1979 im zoologischen Garten Duisburg, Deutschland, sowie in einigen weiteren Institutionen und privaten Kollektionen.

Die erste Handaufzucht zweier Rotrückenaras gelang 1973 dem Amerikaner R. Small, Chicago.

Im Zoo Duisburg befindet sich seit mehreren Jahren ein Rotrückenarapaar, welches 1979 erstmals zur Brut schritt.

Das Gelege bestand aus zwei Eiern, die 24 Tage ausschließlich vom Weibchen bebrütet wurden. Es verließ das Nest in dieser Zeit nur unregelmäßig und sehr selten, um kurz zu fressen oder Kot abzusetzen; ansonsten wurde es vom Männchen mit Nahrung versorgt. Die Nestlingszeit betrug etwa neun Wochen. Die Jungen wurden nach dem Ausfliegen noch ungefähr 60 Tage von beiden Elternteilen gefüttert.

Vom Frühjahr bis zum späten Herbst wird das Brutpaar in einer Außenvoliere mit den Maßen 2,5 × 2,5 × 3,0 m gehalten, in der auch die Brut stattfindet. Den Winter verbringen die Tiere in einer geheizten Voliere im Vogelhaus des Zoos.

Als Nistkasten dient eine Naturstammhöhle mit einer Höhe von 70 cm und einem Innendurchmesser von 50 cm. Das Einschlupfloch mißt 12 cm im Durchmesser.

Bemerkenswert ist, daß die Elterntiere kurz vor Brutbeginn auf Störungen (seitens der Pfleger) sehr empfindlich reagieren und untereinander Aggressionskämpfe austragen (Ostenrath, briefl. Mitt.).

Sehr vermehrungsfreudige Rotrückenaras besitzt offensichtlich F. Veser, Tettnang (vgl. Hoppe 1982).

Die Tiere dieses Züchters zogen von 1974 bis Frühjahr 1982 insgesamt 53 (!) Jungtiere auf. Seit 1976 brüten die Aras zweimal im Jahr, wobei jeweils bei der ersten Brut vier und bei der zweiten Brut drei Eier gelegt und ausgebrütet wurden.

Nachgezogene Maracanas legten bei Herrn Veser bereits im Alter von zwei Jahren befruchtete Eier.

Mischlingszuchten: Eine Kreuzung zwischen einem 1.0 Rotrückenara und einem 0.1 Rotbugara gelang 1973 K. Oehler, Friedrichshafen (de Grahl 1974).

Nach einer Brutzeit von 24 Tagen schlüpften zwei Junge, die von beiden Elternteilen mit Nahrung versorgt wurden. Sie verließen mit acht Wochen den Nistkasten und glichen im Aussehen dem Rotbugara.

12. Blaukopfara
Gebirgsara
Blue-headed Macaw
Ara couloni (Sclater) 1876

Beschreibung: Gesamtlänge 41 cm; Grundgefiederfarbe grün; an den Unterseiten gelblich; Kopf mit Ausnahme des Wangenbereiches blau; Handschwingen und Handdecken blau; Armschwingen und äußere Oberflügeldecken blau mit grünem Saum; Schwanzoberseite blau; Schwanz- und Flügelunterseite oliv-gelb; unbefiederte Wangenregion grau-blau; Schnabel grau-schwarz, an der Spitze des Oberschnabels hornfarben; Iris gelb; Füße fleischfarben.
Jungtiere: Jungvögel dieser Art sind bisher nicht beschrieben worden.

Unterarten: Der Blaukopfara bildet nach Auffassung der führenden Systematiker keine Unterarten.

Traylor (1958) betrachtet ihn jedoch als nahen Verwandten des zuvor beschriebenen Rotrückenaras, ohne jedoch dessen Wertigkeit als selbständige Art in Frage zu stellen. Eine wichtige Entscheidungshilfe bei der taxonomischen Einordnung dieser Araart als eigenständige Art oder Unterart des Rotrückenaras stellt die Analyse der Lautäußerungen dar; nach den Beobachtungen von O'Neill (1969) klingt die Stimme des Blaukopfaras weich und weist – im Gegensatz zu den hart vorgebrachten Gutturallauten des Maracana – eine hohe Stimmlage auf. Es ist daher naheliegend, die beiden genannten Arten als selbständig zu betrachten. Leider liegen bisher keine Verhaltensvergleiche vor, die diese Vermutung unterstützen könnten.

Verbreitung: Östliches Peru und vermutlich der angrenzende westliche Teil Brasiliens.

Freileben: Die bisher einzige Freilandbeobachtung gelang O'Neill in Brasilien (zit. nach Forshaw 1973).

Er traf diese Aras am Curanja-Fluß in Balta; dort lebten die Vögel in Paaren oder in Kleingruppen von drei Exemplaren bis zu einer Höhe von 300 m NN. Sie vergesellschafteten sich jedoch nicht mit den dort häufigeren Rotbugaras *(A. severa)*.

Der seltene Blaukopfara *(A. couloni)* wird zur Zeit wahrscheinlich in keinem europäischen Zoo oder Vogelpark gehalten, so daß über die Biologie der Art bisher nur wenig bekannt ist.
Ein Balg im Senckenbergmuseum, Frankfurt, gesammelt 1961 im tropischen Regenwald am Rio Pachitea in Peru, weist eine Gesamtlänge von 39,5 cm bei einer Flügellänge von 24,0 cm auf (Hoppe, 1983).

Haltung: Nach de Grahl (1973) kam der erste Blaukopfara im Jahre 1913 in den zoologischen Garten Berlin; ein weiteres Exemplar besaß 1959 D. West, England.

In den USA konnte Decoteau (1982) insgesamt vier Blaukopfaras ausfindig machen, die bei drei verschiedenen Besitzern leben. Nur einer dieser Liebhaber besitzt zur Zeit ein geschlechtsreifes, endoskopiertes Paar, welches allerdings keine Brutambitionen zeigt.

In Europa lebt momentan wahrscheinlich kein Papagei dieser Art.

Über Besonderheiten bei der Pflege des Blaukopfaras finden sich in der Literatur keine Hinweise.

Zucht: Die Vermehrung des Blaukopfaras ist bisher vermutlich nicht gelungen.

13. Blaustirn-Zwergara
Hahn's Zwergara
Red-shouldered Macaw
Ara nobilis (Linné) 1758

Beschreibung der Nominatform: Gesamtlänge 30 cm; Grundgefiederfarbe grün, an der Unterseite gelblich-grün; Stirn und Scheitel blau; Flügelbug, Flügelspiegel und große Unterflügeldecken rot; äußere Fahne der äußeren Handschwinge blau; Schwanz- und Flügelunterseite oliv-gelb; unbefiederte Wangenregion weiß; Schnabel dunkelgrau; Iris orange-rot; Füße dunkelgrau.
Jungtiere: keine Blaufärbung an Stirn und Scheitel; Flügelbug und Flügelspiegel grün; Iris braun.

Unterarten:

1. *Ara nobilis nobilis* (Linné)

Verbreitung: Guayana, östliches Venezuela und Brasilien nördlich des Amazonas.

2. *Ara nobilis cumanensis* (Lichtenstein)

Beschreibung: Größer als *A. nobilis*; Oberschnabel hornfarben; Unterschnabel grau.

Verbreitung: Brasilien südlich des Amazonas in Pará, Maranhão und Bahia.

3. *Ara nobilis longipennis* (Neumann)

Beschreibung: Ähnelt der Rasse *A. n. cumanensis*, jedoch größer; Forshaw (1973) zweifelt – aufgrund des geringen Größenunterschiedes – die Existenz dieser Unterart an und schlägt vor, *longipennis* künftig als konspezifisch mit *cumanensis* anzusehen.

Verbreitung: Südliches Brasilien, Mato Grosso, Minas Gerais, São Paulo, Espírito Santo und Goiás.

Freileben: Den publizierten Freilandbeobachtungen zufolge ist der Blaustirn-Zwergara in seiner Heimat ein scheuer Vogel, der in manchen Gebieten standorttreu, in anderen dagegen dem jeweiligen Futterangebot entsprechend vorkommt.

In Guayana findet er sich vor allem in Küstennähe, wo er sowohl in Wäldern und Savannengebieten als auch in Getreide-Plantagen häufig anzutreffen ist.

In Venezuela dagegen scheint sein Vorkommen von der Verbreitung verschiedener Palmenarten abhängig zu sein, auf deren Früchte er angewiesen ist.

Die Aras streifen in kleinen Flügen umher und stoßen dabei laute, kreischende Töne aus, die offenbar den Zusammenhalt der Paare fördern und der Verständigung der Tiere in der Luft dienen.

Als Nistplätze bevorzugen Blaustirn-Aras Höhlungen in den Stämmen von Palmen; vereinzelt legen sie ihr Nest jedoch auch in den Bauten baumbewohnender Termiten an.

A. nobilis nobilis

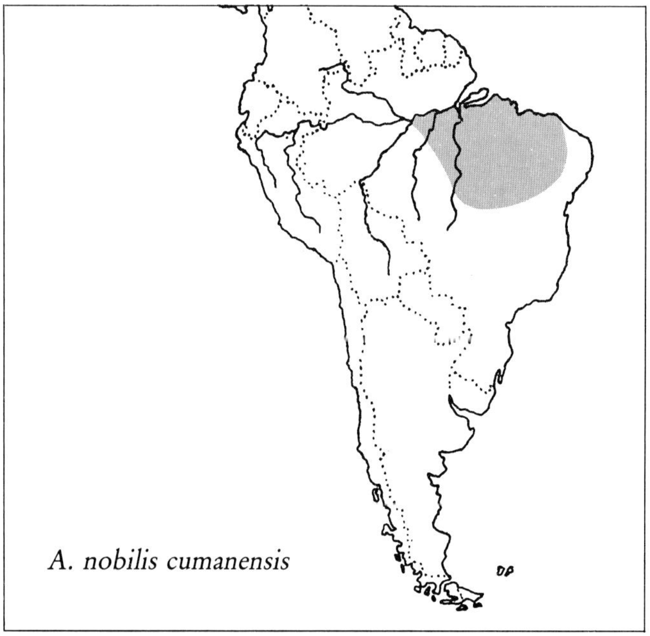

A. nobilis cumanensis

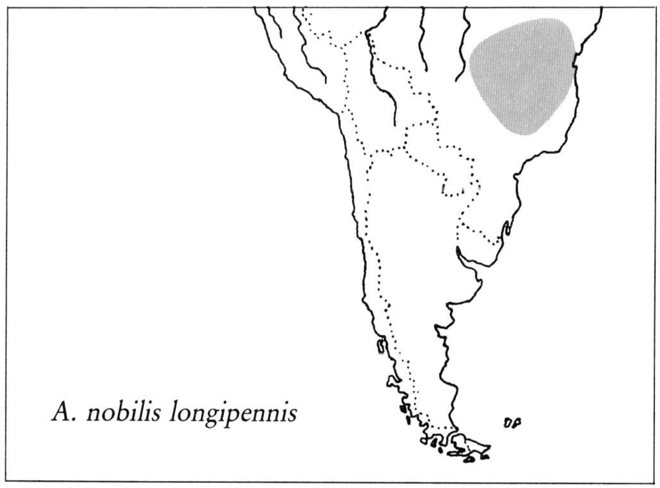

A. nobilis longipennis

Blaustirnzwergara
(A. nobilis cumanensis)

Haltung: In den Volieren der Liebhaber ist der Blaustirn-Zwergara weniger häufig anzutreffen als seine großen, farbenprächtigen Verwandten. Seine eintönige Färbung wie auch seine durchdringenden Lautäußerungen, die er zu allen Tageszeiten ertönen läßt, mögen Gründe dafür sein.

Demgegenüber steht die große Zutraulichkeit und Intelligenz, verbunden mit großer Nachahmungsbegabung, über die schon Dr. Ruß vor mehr als 100 Jahren zu berichten wußte:

„In Frau P., Wien, hat er (der Blaustirnara) eine liebevolle Pflegerin gefunden, welche berichtet, daß ein Pärchen in ihrem Besitz an Zahmheit und Liebenswürdigkeit unübertrefflich sei und das Männchen an Sprachbegabung mit dem besten Graupapagei wetteifern könne. . . . Im ganzen hat er wol fünfzig Worte gelernt, und es ist staunenswerth, wie richtig er dieselben anzuwenden weiß" (Ruß 1882).

Frisch eingeführte Tiere sind relativ empfindlich und sollten während des ersten Winters bei einer Raumtemperatur von 10–15 °C gehalten werden. Erst im darauffolgenden Frühjahr kann eine langsame Gewöhnung an die Freivoliere erfolgen. Darüber hinaus ist es ratsam, den Aras ganzjährig einen Schlafkasten bereitzustellen, den sie – unabhängig von Alter und sozialer Bindung – in der Nacht zum Schutz vor Kälte aufsuchen.

Der Blaustirn-Zwergara ist in Gefangenschaft ein geschickter, wendiger Flieger, der trotz seiner „zwergenhaften" Statur einen langgestreckten Flugraum benötigt. Wegen seiner unüberhörbaren, durchdringenden Stimmäußerungen tut man jedoch gut daran – mit Rücksicht auf die Nachbarschaft –, ihn nur zu gewissen Tageszeiten in die Freivoliere zu entlassen.

Eine Vergesellschaftung des Zwergaras mit anderen Papageienarten ist nicht zu empfehlen; es ist jedoch durchaus möglich, ihn zusammen mit Artgenossen im Schwarm zu halten. Diesen gegenüber verhält er sich friedfertig, Aggressionstendenzen zeichnen sich nur schwach ab. Selbst Brutversuche verpaarter Tiere innerhalb einer mehrköpfigen Schar wurden von unverpaarten Volierenmitbewohnern nicht vereitelt.

Mehr als andere Arten der Gattung neigt der Blaustirn-Zwergara in Gefangenschaft zum Federrupfen.

Dieser kleinste aller Aras kann aufgrund seines Äußeren seine nahe Verwandtschaft mit der Gattung *Aratinga* nicht leugnen und wird gelegentlich mit dem Blaustirnsittich *(Aratinga acuticaudata)* verwechselt. Dieser weist jedoch – im Gegensatz zu *Ara nobilis* – einen rundum von Federn begrenzten Augenring auf.

Zucht: Die Gefangenschaftsvermehrung der beiden Unterarten *A. n. nobilis* und *A. n. cumanensis* ist bereits mehrfach gelungen. Die ersten Zuchten gelangen vermutlich um 1940 in den USA, allerdings ist nicht zu ermitteln, um welche Unterarten es sich dabei handelte.

1949 wurde *A. n. cumanensis* – wahrscheinlich zum ersten Mal in Europa – von E. N. T. Vane, England, gezüchtet (Vane 1950). Vier Eier (mit einer Durchschnittsgröße von 32,6 × 24,5 mm) wurden in zweitägigem Abstand gelegt und allein vom Weibchen bebrütet. 60 Tage nach dem Schlüpfen verließen alle vier Jungtiere vollbefiedert den Nistkasten. Bis 1956 erbrütete dieses Paar 30 Jungvögel.

Dem Vogelpark Birdland, Bourton-on-the-Water, England, gelang 1963 ebenfalls die Zucht dieser Unterart (de Grahl 1975).

Die Vermehrung der Nominatform gelang Anfang der siebziger Jahre dem Engländer J. Halford, Hampshire, der 1972 und 1974 je sechs Vögel aus eigener Nachzucht auf der Insel Tobago aussetzte, mit dem Ziel, die dort ausgestorbenen Vögel wieder heimisch zu machen (Low 1980).

Eine ausführliche Beschreibung seiner Zucht der Nominatform liefert de Grahl (1975):

Der Verfasser erhielt Anfang 1975 vier Zwergaras, von denen sich nach einer vierwöchigen Eingewöhnungszeit zwei absonderten und den bereitgestellten Nistkasten inspizierten. Die Geschlechter dieser beiden Vögel waren deutlich zu erkennen. Wenn auch keine farblichen Unterschiede bestanden, so zeichnete sich das Männchen doch durch einen kräftigeren, eckigen Kopf aus. Auch die Ausdehnung der unbefiederten Wangenregion war beim männlichen Vogel eindeutig größer als beim weiblichen Tier.

Einem ersten unbefruchteten Gelege (bestehend aus zwei Eiern) folgte bereits Anfang März 1975 ein Vierer-Gelege,

Der Blaustirnzwergara *(A. nobilis)* ist mit einer Länge von 30 cm die kleinste Araart. Aufgrund seiner offensichtlichen Verwandtschaft mit den Keilschwanzsittichen haben mehrere Systematiker ihm den Status einer eigenen, intermediären Gattung *(Diopsittaca)* eingeräumt.

***Ara nobilis cumanensis* unterscheidet sich von der Nominatform vor allem durch einen hellen Oberschnabel.**

dem im April ein Junges entschlüpfte. Im Alter von 10 Tagen wurde es zum ersten Mal aus dem Nest genommen und fotografiert; sein Körper war mit wenigen, feinen Daunen bedeckt. Nach 18 Tagen begannen sich die Augen zu öffnen und die ersten Federkiele waren unter der Haut sichtbar. Im Alter von fünf Wochen wog das Junge 150 g, eine Woche später 180 g. Der Befiederungsprozeß war nach 55 Tagen beinahe abgeschlossen. Wenige Tage später verließ er die Bruthöhle und begann kurze Zeit danach mit der selbständigen Futteraufnahme.

Trotz abwechslungsreicher Fütterung nahmen die Elterntiere zur Aufzucht nur gekeimte Sonnenblumenkerne. Erst kurz vor dem Ausfliegen verfütterten sie auch geriebene Möhren, vermengt mit Eifutter, an das Jungtier.

Sachregister

Deutsche, englische und wissenschaftliche Namen in alphabetischer Reihenfolge

Literatur

Arndt, T. (1981) – Keilschwanzsittiche, Müller-Verlag, Walsrode

Bedford, Duke of (1954) – Parrots and Parrot-like Birds, All Pets Books, Fond du Lac

Boetticher, H. v. (1964) – Papageien, Ziemsen-Verlag, Wittenberg-Lutherstadt

Bosch, K., u. U. Wedde (1981) – Amazonen, Müller-Verlag, Walsrode

Brereton. J., u. K. Immelmann (1962) – Head-scratching in the Psittaciformes, Ibis 104, S. 169–175

Burkard, R. (1980) – Ein weiterer „Rätselara", Gef. Welt 104, S. 40

Dabenne, R. (1920) – El „Caninde" de Azara es el Ara ararauna, Hornero 2, S. 56

(1921) – Algunas palabras más sobre el cambio de nombre del Ara caninde, Hornero 2, S. 225

Deckert, G., u. K. Deckert (1982) – Spielverhalten und Komfortbewegungen beim Grünflügelara, Bonn. zool. Beitr. 33, H. 2–4, S. 269–281

Decoteau, A. E. (1982) – Handbook of Macaws, T. F. H. Publ. Neptune

Delphy, K. H. (1975) – Bau und Einrichtung von Gartenvolieren, Philler-Verlag, Minden

Diefenbach, K. (1979) – Verhaltensbeobachtungen an Kakadus, Die Voliere 4, S. 147–152

(1982) – Kakadus, Müller-Verlag, Walsrode

Dilger, W. C. (1960) – The comparative ethology of the African parrot-genus Agapornis. Z. Tierpsychol. 17, S. 649–685

Ebert, U. (1978) – Vogelkrankheiten, Schaper-Verlag, Hannover

Forshaw, J., u. W. Cooper (1978) – Parrots of the world, T. F. H. Publ. Neptune

Fuhs, R. (1981) – Geglückte Zucht eines Hellroten Aras, AZ-Nachr. H. 1, S. 14–15

Gewalt, W. (1969) – Haltung und Zucht des Park- und Ziergeflügels, Oertel & Spörer-Verlag, Reutlingen

Grahl, W. de (1974) – Papageien unserer Erde Bd. II, Eigenverlag, Hamburg

(1975) – Erstzucht des Blaustirnzwergaras, Gef. Welt H. 8, S. 141–143

(1980) – Zucht des Goldnackenaras bei K. Maass, Drensteinfurt, AZ-Nachr. H. 1, S. 16

Gregory, H. I. (1972) – First breeding of the Green-winged Macaw in the United States, Mag. Parrot Soc. S. 283–284

Haas, G. (1977) – Ara-Zuchten im Wuppertaler Zoo, AZ-Nachr. H. 4, S. 111–114

Handschin, P. G. (1983) – Seltener Zuchterfolg in Pfäffikon, Gef. Freund, H. 1, S. 18–19

Haverschmidt, F. (1968) – Birds of Surinam, Oliver a. Boyd, Edinburgh

Hayward, J. (1983) – Successful breeding of the Caninde Macaw in South Africa, Cage & Aviary Birds, H. 2

Heemann, M. (1982) – Geglückte Mischlingszucht zwischen Grünflügelara und Ararauna, Gef. Welt H. 8, S. 239–240

Heidenreich, M. (1980) – Krankheiten der Papageienvögel, in: Bielfeld, H., Unzertrennliche – Agapornis, Müller-Verlag, Walsrode

Hick, U. (1962) – Beobachtungen über das Spielverhalten unserer Hyazintharas, Freunde des Kölner Zoos 5, S. 8–9

Hill, A. (1981) – Topographie der Vögel, Orn. Mitt. 34, H. 6, S. 133–138

Hoppe, D. (1982) – Zuchterfolge ohnegleichen beim Rotrückenara oder Maracana, Gef. Welt, H. 11, S. 347–348

(1983) – Aras, Ulmer, Stuttgart

Ingels, J., Parkes, K. C., u. J. Farrand (1981) – The status of the Macaw generally but incorrectly called „Ara Caninde", Le Gerfaut, 71, S. 283–294

Ingram, K. A. (1982) – Endoskopische Geschlechtsbestimmung bei Papageien, Gefl.-Börse, H. 21, S. 10

Kemna, A. (1971) – Krankheiten der Stubenvögel, Philler-Verlag, Minden

Kirchhofer, E. (1973) – Zucht des Ararauna, Gef. Welt, H. 1, S. 1–3

Kronberger, H. (1978) – Haltung von Vögeln – Krankheiten der Vögel, Gustav Fischer-Verlag, Berlin u. New York

Lang, E. M., u. R. Stamm (1957) – Zur Aufzucht eines Arabastardes im zool. Garten Basel, Orn. Beob. 54, S. 182–189

Linn, H. (1978) – Geglückte Zucht des Ararauna, AZ-Nachr. H. 11, S. 372–374

Low, R. (1980) – Parrots – their care and breeding, Blandford Press, Poole and Dorset

(1982) – Gelungene Zucht des Lear's Ara, Gef. Freund H. 1, S. 18

Luther, D. (1970) – Die ausgestorbenen Vögel der Welt, Ziemsen-Verlag, Wittenberg-Lutherstadt

Meyer de Schauensee, R. (1970) – A guide to the birds of South America, Livingston Publishing Company for Academy of Natural Sciences of Philadelphia, Wynnewood

Müller-Bierl, M. (1983) – Bericht über Zuchtversuche und Aufzucht eines Hellroten Arara, Die Voliere, H. 3, S. 100–104

O'Neill, J. P. (1969) – Distributional notes on the birds of Peru, including twelve species previously unreported from the Republic, Occ. Pap. Mus. Zool. La St. Univ., 37, S. 1–11

Nilsson, G., u. D. Mack (1980) – Macaws: Traded to Extinction? Traffic special report No. 2, Washington, USA

Peters, J. L. (1937) – Checklist of Birds of the World, Harvard University Press, Cambridge

Pinter, H. (1979) – Handbuch der Papageienkunde, Franckh'sche Verlagshandlung, Stuttgart

Ploog, H. (1982) – Gelungene Zucht des Goldnackenaras, Die Voliere, H. 2, S. 58–59

Raethel, H. S. (1968) – Krankheiten der Vögel, Franckh'sche Verlagshandlung, Stuttgart

Reinhard, R. (1982) – Caninde-Ara – Art oder Unterart? Gef. Welt, H. 4, S. 124–125

Reynolds, M. W. (1977) – Breeding the Grand Military Macaw at Bird Paradise, Cornwall, Cage and Aviary Birds 10, S. 13

Ridgely, R. (1980) – The current distribution and status of mainland neotropical parrots, in: Conservation of New World Parrots, ICBP Techn. Publ. No. 1, St. Lucia

Rigge, J. S. (1963) – Breeding the Crimson or Green-winged Macaw, Avic. Mag. 69, S. 34–35

Risdon, D. H. S. (1965) – The breeding of the Blue and Yellow Macaw at the Tropical Bird Gardens, Rode, Avic. Mag. 71, S. 84–87

Robiller, F., u. K. Trogisch (1982a) – Wieder ein Paar Spix-Aras im Vogelpark Walsrode, Die Voliere, H. 2, S. 44

(1982b) – Ein Beitrag zum Verhalten des Hyazintharas, Die Voliere H. 6, S. 207–208

Rothschild, W. (1907) – Extinct Birds, Hutchinson, London

Ruß, K. (1882) – Sprechende Vögel, Bd. I: Dic sprcchcndcn Papageien, Creuzsche Verlagshandlung, Magdeburg

Schönwetter, M. (1964) – Handbuch der Oologie, Akademie-Verlag, Berlin

Sick, H. (1969) – Aves Brasileiras ameacadas de extincao e nocoes gerais de conservacao de aves no Brasil, An. Acad. brasil. Cienc. 41, S. 205–229

(1979a) – Decouverte de la patrie de l'Ara de Lear, Alauda 47 (1), S. 59–63

(1979b) – Die Herkunft von Lear's Ara entdeckt, Gef. Welt H. 9, S. 161–162

(1980) – About the blue macaws, especially the Lear's Macaw. In: Conservation of New World Parrots, Proc. ICBP Publ. No. 1, St. Lucia

Sick, H., u. D. M. Teixeira (1980) – Discovery of the home of the Indigo Macaw in Brasil, American Birds, Vol. 34, No. 2, S. 118–119, 212

(1982/1983) – Neue Vogelarten aus Brasilien und die Lösung des Rätsels der Blauen Araras, Staden Jahrbuch, Beiträge zur Brasilkunde, Band 30/31, Sao Paulo

Simmons, K. E. L. (1957) – The taxonomic significance of headscratching methods of bird, Ibis 99, S. 178–181

Smith, G. A. (1971) – The use of the foot in feeding, with especial reference to parrots, Avic. Mag. 77, S. 93–100

Teitler, R. (1979) – Taming und Training Macaws, T. F. H. Publ., Neptune

Traylor, M. A. (1958) – Birds of northeastern Peru, Fieldiana, Zool. 35, S. 87–141

Vane, E. N. T. (1950) – Noble Macaws, Avic. Mag. 56, S. 10–16

Wennrich, G. (1983) – Vögel als Spötter, Die Voliere 6, H. 2, S. 58–61

Wetmore, A. (1968) – The birds of the republic of Panama, Smithonian Institution Press, Washington

Wolters, H. E. (1975) – Die Vogelarten der Erde, 1. Lief., Verlag Paul Parey, Hamburg

Zeitschriften

Avicultural Magazine, Journal of the Avicultural Society, London

AZ-Nachrichten, München

Die Gefiederte Welt, Stuttgart

Die Voliere, Hannover

Gefiederter Freund, Baar, Schweiz

Geflügelbörse, München

The Magazine of the Parrot Society, Bedford, London

Zoologische Gärten und Vogelparks

Der Besuch der nachfolgend genannten Tiergärten kann interessierten Papageienliebhabern empfohlen werden. Neben den verschiedensten Araarten sind dort in der Regel weitere Papageienarten zu sehen.

Institute, die zu Schauzwecken nur Einzelexemplare der weitverbreiteten Großaras *(A. ararauna, A. macao, A. chloroptera)* zeigen, sind nicht berücksichtigt.

Die Aufstellung erhebt keinen Anspruch auf Vollständigkeit.

1. Bundesrepublik Deutschland

Berlin
Zoologischer Garten, Hardenbergplatz 8, 1000 Berlin 30

Bochum
Tierpark, Klinikstraße 51, 4630 Bochum 1

Geiselwind
Vogel-Pony-Märchen-Park,
8602 Geiselwind (bei Nürnberg)

Köln
Zoologischer Garten, Riehlerstraße 173, 5000 Köln 60

Metelen
Vogelpark Meteler Heide, 4431 Metelen

Rothenfelde
Vogelpark, Sundernweg 26, 4502 Bad Rothenfelde

Walsrode
Vogelpark, Am Rieselbach, 3030 Walsrode

Wuppertal
Zoologischer Garten, Hubertusallee 30, 5600 Wuppertal

2. Europa und Übersee

Berlin (Ost)
Tierpark Berlin-Friedrichsfelde (DDR)

Bourton-on-the-Water
Birdland-Zoo, Bourton-on-the-Water (England)

Chester
Chester-Zoo (England)

Maspalomas
Palmitos Park, Maspalomas (Gran Canaria, Spanien)

Miami
Parrot Jungle, Miami (Florida, USA)

Puerto de la Cruz
Loro-Parque, Puerto de la Cruz (Teneriffa, Spanien)

Rode
Tropical Birds Garden, Rode (England)

San Diego
Zoologischer Garten, San Diego (Kalifornien, USA)

Wassenaar
Tiergarten Wassenaar (Holland)

Im gleichen Verlag erschienen:

Wolfgang de Grahl

Papageien und Sittiche der Welt

2 Bände mit 380 farb. Abb. und 380 Verbreitungskarten **DM 180,–**

Die seit vielen Jahren ständig steigende Zahl der Papageienliebhaber erfordert beste Information. De Grahl, „Papageien und Sittiche der Welt" ist lieferbar. Bisher fehlte ein anschauliches Fotomaterial in Farbe, wo der Vogelfreund all die bunte Schönheit sehen konnte. „Papageien und Sittiche der Welt" ist nicht nur eine Sammlung schöner Bilder für den Naturfreund. Dem Züchter und Händler werden hier wertvolle Hinweise auf Pflege und Bestimmung gegeben. Farbbilder, Verbreitungskarten und leicht verständliche, fachlich fundierte Texte sind für jede Art so zusammengestellt, daß der Nachschlagende alle wichtigen Informationen sofort erfassen kann. Die naturgetreuen Farbfotos, die für die Bestimmung wichtige Merkmale zeigen, wurden von 15 international bekannten Fotografen aufgenommen. Leicht sind die Arten zu erkennen, zu bestimmen und einzuordnen. Brillante Farbbilder von Langflügelpapageien, Sperlingspapageien, Rotsteißpapageien, Unzertrennlichen, Edelpapageien, Amazonen, Araras, Kakadus, Loris, Keilschwanzsittichen, Edelsittichen, Rotschwanzsittichen, Dickschnabelsittichen, Schmalschnabelsittichen, Laufsittichen, Plattschweifsittichen, Grassittichen, Singsittichen usw. Eine überwältigende Fülle von Bildern und ein Text von hervorragender Anschaulichkeit lassen dieses Werk zu einem unentbehrlichen Orientierungsatlas ohne Vorbild werden. Viele Fragen, die den Papageienliebhaber bewegen, werden angeschnitten. In verständlicher Form wird über Unterbringung, Pflege, Ernährung und Zucht informiert. Kein trockenes herkömmliches Buch. In neuartiger Aufmachung muß diese Kombination von Fotoband und verständlichem Text jeden Vogelliebhaber begeistern! De Grahls „Papageien und Sittiche der Welt" soll Ihnen nicht nur Antwort sagen, sondern auch zeigen. Handlich, zuverlässig, preiswert. Ein Geschenk für jeden Vogelfreund.